대구교통공사

전기일반

제1회 모의고사

성명		생년월일	
문제 수(배점)	80문항	풀이시간	/ 80분
영역	직업기초능력평가, 전공과목(전기일반)		
비고	객관식 5지선다형		

※ 유의사항

- 문제지 및 답안지의 해당란에 문제유형, 성명, 응시번호를 정확히 기재하세요.

- 모든 기재 및 표기사항은 "컴퓨터용 흑색 수성 사인펜"만 사용합니다.

- 예비 마킹은 중복 답안으로 판독될 수 있습니다.

〉〉 직업기초능력평가(40문항)

1. 다음 중 표준어로만 묶인 것은?

① 사글세, 멋쟁이, 아지랭이, 윗니
② 웃어른, 으레, 상판때기, 고린내
③ 딴전, 어저께, 가엽다, 귀이개
④ 주근깨, 코빼기, 며칠, 가벼히
⑤ 뭇국, 느즈감치, 마늘종, 통째로

2. 다음 중 맞춤법이 틀린 문장은?

① 준희는 고약한 구두쇠이다. 그러므로 그는 돈을 많이 모았다.
② 그녀는 얼마 전 그와 헤어졌다. 그러므로 그녀는 지금 외롭다.
③ 법에 근거하여 내린 판결이다. 그러므로 아무리 억울하여도 어쩔 수 없다.
④ 혜림은 목 놓아 울었다. 그러므로 스트레스를 해소하였다.
⑤ 정의는 언제나 승리한다. 그러므로 우리가 승리한다.

3. 밑줄 친 부분이 어법에 맞게 표기된 것은?

① 박 사장은 자기 돈이 어떻게 쓰여지는 지도 몰랐다.
② 그녀는 조금만 추어올리면 기고만장해진다.
③ 나룻터는 이미 사람들로 가득 차 있었다.
④ 우리들은 서슴치 않고 차에 올랐다.
⑤ 구렁이가 또아리를 틀고 있다.

4. 다음 중 제시된 문장의 빈칸에 들어갈 단어로 알맞은 것을 고르시오.

• 정부는 저소득층을 위한 새로운 경제 정책을 ( )했다.
• 불우이웃돕기를 통해 총 1억 원의 수익금이 ( )되었다.
• 청소년기의 중요한 과업은 자아정체성을 ( )하는 것이다.

① 수립(樹立) – 정립(正立) – 확립(確立)
② 수립(樹立) – 적립(積立) – 확립(確立)
③ 확립(確立) – 적립(積立) – 수립(樹立)
④ 기립(起立) – 적립(積立) – 수립(樹立)
⑤ 확립(確立) – 정립(正立) – 설립(設立)

5. 다음 글의 중심 내용으로 가장 적절한 것을 고르시오.

언제부터인가 이곳 속초 청호동은 본래의 지명보다 '아바이 마을'이라는 정겨운 이름으로 불리고 있다. 함경도식 먹을거리로 유명해진 곳이기도 하지만 그 사람들의 삶과 문화가 제대로 알려지지 않은 동네이기도 하다. 속초의 아바이 마을은 대한민국의 실향민 집단 정착촌을 대표하는 곳이다. 한국 전쟁이 한창이던 1951년 1·4 후퇴 당시, 함경도에서 남쪽으로 피난 왔던 사람들이 휴전과 함께 사람이 거의 살지 않던 이곳 청호동에 정착해 살기 시작했다.

동해는 사시사철 풍부한 어종이 잡히는 고마운 곳이다. 봄 바다를 가르며 달려 도착한 곳에서 고기가 다니는 길목에 설치한 '어울'을 끌어올려 보니, 속초의 봄 바다가 품고 있던 가자미들이 나온다. 다른 고기는 나오다 안 나오다 하지만 이 가자미는 일 년 열두 달 꾸준히 난다. 동해를 대표하는 어종 중에 명태는 12월에서 4월, 도루묵은 10월에서 12월, 오징어는 9월에서 12월까지 주로 잡힌다. 하지만 가자미는 사철 잡히는 생선으로, 어부들 말로는 그 자리를 지키고 있는 '자리고기'라 한다.

청호동에서 가자미식해를 담그는 광경은 이젠 낯선 일이 아니라 할 만큼 유명세를 탔다. 함경도 대표 음식인 가자미식해가 속초에서 유명하다는 것은 입맛이 정확하게 고향을 기억한다는 것과 상통한다. 속초에 새롭게 터전을 잡은 함경도 사람들은 고향 음식이 그리웠다. 가자미식해를 만들어 상에 올렸고, 이 밥상을 마주한 속초 사람들은 배타심이 아닌 호감으로 다가섰고, 또 판매를 권유하게 되면서 속초의 명물로 재탄생하게 된 것이다.

① 속초 자리고기의 유래
② 속초의 아바이 마을과 가자미식해
③ 아바이 마을의 밥상
④ 청호동 주민과 함경도 실향민의 화합
⑤ 속초 명물 탄생의 비화

6. 다음 글의 제목으로 가장 적절한 것을 고르시오.

프랑스는 1999년 고용상의 남녀평등을 강조한 암스테르담 조약을 인준하고 국내법에 도입하여 시행하였으며, 2006년에는 양성 간 임금 격차축소와 일·가정 양립을 주요한 목표로 삼는 '남녀 임금평등에 관한 법률'을 제정하였다. 이 법에서는 기업별, 산업별 교섭에서 남녀 임금격차 축소에 대한 내용을 포함하도록 의무화하고, 출산휴가 및 입양휴가 이후 임금 미상승분을 보충하도록 하고 있다. 스웨덴은 사회 전반에서 기회·권리 균등을 촉진하고 각종 차별을 방지하기 위한 '차별법'(The Discrimination Act) 시행을 통해 남녀의 차별을 시정하였다. 또한 신축적인 파트타임과 출퇴근시간 자유화, 출산 후 직장복귀 등을 법제화하였다. 나아가 공공보육시설 무상 이용(평균보육료부담 4%)을 실시하고 보편적 아동수당과 저소득층에 대한 주택보조금 지원 정책도 시행하고 있다. 노르웨이 역시 특정 정책보다는 남녀평등 분위기 조성과 일과 양육을 병행할 수 있는 사회적 환경 조성이 출산율을 제고하는 데 기여하였다. 한편 일본은 2005년 신신(新新)엔젤플랜을 발족하여 보육환경을 개선함으로써 여성의 경제활동을 늘리고, 남성의 육아휴직, 기업의 가족지원 등을 장려하여 저출산 문제의 극복을 위해 노력하고 있다.

① 각 국의 근로정책 소개
② 선진국의 남녀 평등문화
③ 남녀평등에 관한 국가별 법률 현황
④ 남녀가 평등한 문화 및 근로정책
⑤ 국가별 근로정책의 도입 시기

7. 다음 괄호 안에 알맞은 접속사를 고르시오.

오늘날의 문화는 인간관계에서 집단 이기주의가 갖는 힘과 범위 그리고 지속성을 깨닫지 못하고 있다. 한 집단에 속하는 개인들 간의 관계를 순전히 도덕적이고 합리적인 조정과 설득에 의해 확립하는 일이 쉽지는 않을지라도 전혀 불가능한 것은 아니다. (　) 집단과 집단 사이에서는 이런 일이 결코 이루어질 수 없다. (　) 집단들 간의 관계는 항상 윤리적이기보다는 지극히 정치적이다. (　) 그 관계는 각 집단의 요구와 필요성을 비교, 검토하여 도덕적이고 합리적인 판단에 의해서 수립되는 것이 아니라 각 집단이 갖고 있는 힘의 비율에 따라 수립된다.

① 그러나, 따라서, 즉
② 그러나, 게다가, 오히려
③ 그런데, 따라서, 왜냐하면
④ 그런데, 게다가, 그러므로
⑤ 그리고, 따라서, 왜냐하면

8. 다음 중 밑줄 친 부분의 단어를 대체할 수 있는 것은?

원시인들은 어떻게 그런 자연적 경향으로부터 벗어날 수 있었을까? 폴 라댕은 「철학자로서의 원시인」이라는 저서에서 원시인에게는 두 가지 유형의 기질이 있다고 주장하였다. 하나는 행동하는 인간으로, 이들은 주로 외부의 대상에 정신을 집중하고 실용적인 결과에만 관심이 있으며 내면에서 벌어지는 <u>동요</u>에 대해서는 무관심한 사람이다. 또 다른 유형은 생각하는 인간으로, 늘 세계를 분석하고 설명하고 싶어하는 사람이다. 행동하는 인간은 '설명' 그 자체에 별 관심이 없으며, 설령 설명한다고 해도 사건 사이의 기계적인 관계만을 설명하려 한다. 즉 그들은 동일 사건의 무한한 반복을 바탕에 두고 반복으로부터의 일탈을 급격한 변화로 받아들일 수밖에 없었다. 반면 생각하는 인간은 기계적인 설명을 벗어나 '하나'에서 '여럿'으로, '단순'에서 '복잡'으로, '원인'에서 '결과'로 서서히 변해간다고 설명하려 한다. 그러나 이 과정에서 외부 대상의 끊임없는 변화에 역시 당황해 할 수밖에 없다. 그래서 대상을 조직적으로 파악하기 위해 대상에 영원 불변의 형태를 부여해야만 했고, 그 결과 세상을 정적인 어떤 것으로 만들어야만 했던 것이다.

즉, 대상의 본질은 변하지 않는 것이라고 믿고 싶어하는 '무시간적 사고'는 인간의 사고에 깊이 뿌리내린 사상으로 자리 잡게 되었다. 생각하는 인간은 이 세상을 합리적으로 규명하기 위해 과거의 기억을 바탕으로 늘 변모하는 사건들의 패턴 뒤에 숨어 있는 영원한 요소를 찾아내려고 했으며, 또한 미래에도 동일하게 그런 요소가 존재할 것이라는 믿음을 지닐 수 있었던 것이다. 이러한 과정을 통해 인간은 시간을 통해서 자신의 모습을 인식할 수 있게 되었다. 즉 인간이 자기 인식을 할 수 있는 존재, 자기 정체성을 확인하는 존재로 거듭나게 된 것이다.

① 의표(意表)　　　② 당위(當爲)
③ 현혹(眩惑)　　　④ 의문(疑問)
⑤ 당혹(當惑)

9. 다음의 내용을 근거로 할 때 유추할 수 있는 옳은 내용만을 바르게 짝지은 것은?

갑과 을은 ○×퀴즈를 풀었다. 문제는 총 8문제(100점 만점)이고, 분야별 문제 수와 문제당 배점은 다음과 같다.

분야	문제 수	문제당 배점
한국사	6	10점
경제	1	20점
예술	1	20점

문제 순서는 무작위로 정해지고, 갑과 을이 각 문제에 대해 ○ 또는 ×를 다음과 같이 선택하였다.

문제	갑	을
1	○	○
2	×	○
3	○	○
4	○	×
5	×	×
6	○	×
7	×	○
8	○	○
총점	80점	70점

㉠ 갑과 을은 모두 경제 문제를 틀린 경우가 있을 수 있다.
㉡ 갑만 경제 문제를 틀렸다면, 예술 문제는 갑과 을 모두 맞혔다.
㉢ 갑이 역사 문제 두 문제를 틀렸다면, 을은 예술 문제와 경제 문제를 모두 맞혔다.

---

① ㉡
② ㉢
③ ㉠㉡
④ ㉠㉢
⑤ ㉠㉡㉢

10. 다음은 맛집 정보와 평가 기준을 정리한 표이다. 이 자료를 바탕으로 판단할 때 총점이 가장 높은 음식점은 어디인가?

평가항목 / 음식점	음식종류	이동거리	1인분 가격	평점 (★ 5개 만점)	예약 가능 여부
북경반점	중식	150m	7,500원	★★☆	○
샹젤리제	양식	170m	8,000원	★★★	○
경복궁	한식	80m	10,000원	★★★★	×
아사이타워	일식	350m	9,000원	★★★★☆	×
광화문	한식	300m	12,000원	★★★★★	×

※ ☆은 ★의 반개다.

◎ 평가항목 중 이동거리, 가격, 맛 평점에 대하여 각 항목별로 5, 4, 3, 2, 1점을 각각의 음식점에 하나씩 부여한다.
• 이동거리가 짧은 음식점일수록 높은 점수를 준다.
• 가격이 낮은 음식점일수록 높은 점수를 준다.
• 맛 평점이 높은 음식점일수록 높은 점수를 준다.
◎ 평가 항목 중 음식종류에 대하여 일식 5점, 한식 4점, 양식 3점, 중식 2점을 부여한다.
◎ 예약이 가능한 경우 가점 1점을 부여한다.
◎ 총점은 음식종류, 이동거리, 가격, 맛 평점의 4가지 평가항목에서 부여받은 점수와 가점을 합산하여 산출한다.

---

① 북경반점
② 샹젤리제
③ 경복궁
④ 아사이타워
⑤ 광화문

11. 다음 조건을 바탕으로 B의 사무실과 식당이 위치한 곳을 순서대로 짝지은 것은?

• A, B, C는 각각 5동, 6동, 7동 중 한 곳에 사무실이 있으며 겹치지 않는다.
• 세 명은 각각 3개 동 중 한 곳에 있는 식당에 갔으며, 서로 같은 식당에 가지 않았다.
• 세 명이 근무하는 곳과 갔던 식당의 위치는 겹치지 않는다.
• B는 C가 갔던 식당이 있는 동에서 근무한다.
• C는 7동에서 근무하며, A와 B는 어제 6동 식당에 가지 않았다.

---

① 6동, 5동　　　　　　② 6동, 7동

③ 5동, 5동　　　　　　④ 5동, 6동

⑤ 5동, 7동

12. 다음은 영철이가 작성한 A, B, C, D 네 개 핸드폰의 제품별 사양과 사양에 대한 점수표이다. 다음 표를 본 영미가 〈보기〉와 같은 상황에서 선택하기에 가장 적절한 제품과 가장 적절하지 않은 제품은 각각 어느 것인가?

구분	A	B	C	D
크기	153.2×76.1×7.6	154.4×76×7.8	154.4×75.8×6.9	139.2×68.5×8.9
무게	171g	181g	165g	150g
RAM	4GB	3GB	4GB	3GB
저장공간	64GB	64GB	32GB	32GB
카메라	16Mp	16Mp	8Mp	16Mp
배터리	3,000mAh	3,000mAh	3,000mAh	3,000mAh
가격	653,000원	616,000원	599,000원	549,000원

〈사양별 점수표〉

무게	160g 이하	161~180g	181~200g	200g 이상
	20점	18점	16점	14점
RAM	3GB		4GB	
	15점		20점	
저장공간	32GB		64GB	
	18점		20점	
카메라	8Mp		16Mp	
	8점		20점	
가격	550,000원 미만	550,000~600,000원 미만	600,000~650,000원 미만	650,000원 이상
	20점	18점	16점	14점

> "나도 이번에 핸드폰을 바꾸려 하는데, 내가 가장 중요하게 생각하는 조건은 저장 공간이야. 그 다음으로는 무게가 가벼웠으면 좋겠고, 다음 카메라 기능이 좋은 걸 원하지. 음...다른 기능은 전혀 고려하지 않지만, 저장 공간, 무게, 카메라 기능에 각각 가중치를 30%, 20%, 10% 추가 부여하는 정도라고 볼 수 있어."

① A제품과 D제품　　　② B제품과 C제품

③ A제품과 C제품　　　④ B제품과 A제품

⑤ A제품과 B제품

13. 양 과장은 휴가를 맞아 제주도로 여행을 떠나려고 한다. 가족 여행이라 짐이 많을 것을 예상한 양 과장은 제주도로 운항하는 5개의 항공사별 수하물 규정을 다음과 같이 검토하였다. 다음 규정을 참고할 때, 양 과장이 판단한 것으로 올바르지 않은 것은?

	화물용	기내 반입용
갑항공사	A+B+C=158cm 이하, 각 23kg, 2개	A+B+C=115cm 이하, 10kg~12kg, 2개
을항공사		A+B+C=115cm 이하, 10kg~12kg, 1개
병항공사	A+B+C=158cm 이하, 20kg, 1개	A+B+C=115cm 이하, 7kg~12kg, 2개
정항공사	A+B+C=158cm 이하, 각 20kg, 2개	A+B+C=115cm 이하, 14kg 이하, 1개
무항공사		A+B+C=120cm 이하, 14kg~16kg, 1개

* A, B, C는 가방의 가로, 세로, 높이의 길이를 의미함.

① 기내 반입용 가방이 최소한 2개는 되어야 하니 일단 갑, 병항공사밖엔 안 되겠군.

② 가방 세 개 중 A+B+C의 합이 2개는 155cm, 1개는 118cm이니 무항공사 예약상황을 알아봐야지.

③ 무게로만 따지면 병항공사보다 을항공사를 이용하면 더 많은 짐을 가져갈 수 있겠군.

④ 가방의 총 무게가 55kg을 넘어갈 테니 반드시 갑항공사를 이용해야겠네.

⑤ A+B+C의 합이 115cm인 13kg 가방 2개를 기내에 가지고 탈 수 있는 방법은 없겠군.

14. R공사에서는 신입사원 2명을 채용하기 위하여 서류와 필기 전형을 통과한 갑, 을, 병, 정 네 명의 최종 면접을 실시하려고 한다. 아래 표와 같이 네 개 부서의 팀장이 각각 네 명을 모두 면접하여 최종 선정 우선순위를 결정하였다. 면접 결과에 대한 〈보기〉와 같은 설명 중 적절한 것을 모두 고른 것은?

	A팀장	B팀장	C팀장	D팀장
최종 선정자 (1/2/3/ 4순위)	을/정/갑/병	갑/을/정/병	을/병/정/갑	병/정/갑/을

* 우선순위가 높은 사람 순으로 2명을 채용하며, 동점자는 A, B, C, D팀장 순으로 부여한 고순위자로 결정함.
* 팀장별 순위에 대한 가중치는 모두 동일하다.

〈보기〉

㉠ '을' 또는 '정' 중 한 명이 입사를 포기하면 '갑'이 채용된다.
㉡ A팀장이 '을'과 '정'의 순위를 바꿨다면 '갑'이 채용된다.
㉢ B팀장이 '갑'과 '병'의 순위를 바꿨다면 '정'은 채용되지 못한다.

① ㉠
② ㉠, ㉢
③ ㉡, ㉢
④ ㉠, ㉡
⑤ ㉠, ㉡, ㉢

15. 홍보팀 백 대리는 회사 행사를 위해 연회장을 예약하려 한다. 연회장의 현황과 예약 상황이 다음과 같을 때, 연회장에 예약 문의를 한 백 대리의 아래 질문에 대한 연회장 측의 회신 내용에 포함되기에 적절하지 않은 것은?

〈연회장 시설 현황〉

구분	최대 수용 인원(명)	대여 비용(원)	대여 가능 시간
A	250	500,000	3시간
B	250	450,000	2시간
C	200	400,000	3시간
D	150	350,000	2시간

* 연회장 정리 직원은 오후 10시에 퇴근함
* 시작 전과 후 준비 및 청소 시간 각각 1시간 소요, 연이은 사용의 경우 중간 1시간 소요.

〈연회장 예약 현황〉

일	월	화	수	목	금	토
			1 A 10시 B 16시	2 B 19시 D 18시	3 C 15시 D 16시	4 A 11시 B 12시
5	6 B 17시 C 18시	7	8 A 18시 D 16시	9 C 15시	10 C 16시 D 11시	11
12	13 C 15시 D 16시	14 A 16시	15 D 18시 A 15시	16	17 B 18시 D 17시	18

〈백 대리 요청 사항〉

안녕하세요?
　연회장 예약을 하려 합니다. 주말과 화, 목요일을 제외하고 가능한 날이면 언제든 좋습니다. 참석 인원은 180~220명 정도 될 것 같고요, 오후 6시에 저녁 식사를 겸해서 2시간 정도 사용하게 될 것 같습니다. 물론 가급적 저렴한 연회장이면 더 좋겠습니다. 회신 부탁드립니다.

① 가능한 연회장 중 가장 저렴한 가격을 원하신다면 월요일은 좀 어렵겠습니다.

② 6일은 가장 비싼 연회장만 가능한 상황입니다.

③ 인원이 200명을 넘지 않으신다면 가장 저렴한 연회장을 사용하실 수 있는 기회가 네 번 있습니다.

④ 8일과 15일은 사용하실 수 있는 잔여 연회장 현황이 동일합니다.

⑤ A, B 연회장은 원하시는 날짜에 언제든 가능합니다.

16. 다음 글과 〈평가 내역〉을 근거로 한 〈보기〉와 같은 내용 중 적절하지 않은 것을 모두 고른 것은?

'갑'시(市)에는 A, B, C, D 네 개의 사회인 야구팀이 있으며 시에서는 야구 활성화를 위해 네 개 야구팀에 각종 지원을 하고 있다. 매년 네 개 야구팀에 대한 평가를 실시하여 종합 순위를 산정한 후, 1~2위 팀에게는 시에서 건설한 2개의 시립 야구장에 대한 매주 일요일 각각 2회의 이용을 허가해 주고 있으며, 3위 팀까지는 다음 해의 전국 대회 출전 자격이 부여된다. 4위를 한 팀에게는 장비 구입 지원 금액이 30% 삭감되며, 순위가 오르면 다음 해의 지원 금액이 다시 원상 복귀된다.

평가 방법은 다음 표와 같이 네 개 항목을 기준으로 점수를 부여하고 항목별 가중치를 곱한 값을 부여된 점수에 합산하여 총점을 산출한다.

〈올 해의 팀별 평가 내역〉

평가 항목(가중치)	A팀	B팀	C팀	D팀
팀 성적(0.3)	65	80	75	85
연간 경기 횟수(0.2)	90	95	85	90
사회공헌활동(0.3)	90	75	85	80
지역 인지도(0.2)	95	85	95	85

〈보기〉
㉠ 내년에는 C팀과 D팀이 매주 일요일 시립 야구장을 사용하게 된다.
㉡ 팀 성적과 연간 경기 횟수에 대한 가중치가 바뀐다면 지원금이 삭감되는 팀도 바뀌게 된다.
㉢ 내년 '갑'시에서 전국 대회에 출전할 팀은 A, C, D팀이다.
㉣ 지역 인지도 점수가 네 팀 모두 동일하다면 세 개 팀의 순위가 달라진다.

① ㉠, ㉢, ㉣
② ㉡, ㉢, ㉣
③ ㉠, ㉡, ㉢
④ ㉠, ㉡, ㉣
⑤ ㉠, ㉡, ㉢, ㉣

17. 아래의 그림은 커뮤니케이션 네트워크의 한 형태를 나타낸 것이다. 이와 관련하여 X 경찰서 민원실에 근무하는 5명의 직원들이 나눈 대화 중 옳은 내용을 말하고 있는 사람을 고르면?

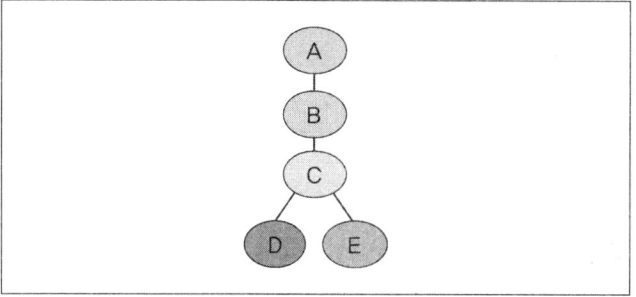

① A 순경 : 지역적으로 분리되어 있거나 또는 자유방임적인 상태에서 함께 일하는 구성원 사이에서 이런 형태의 커뮤니케이션은 흔히 나타납니다.

② B 경장 : 문제의 성격이 간단하면서도 일상적일 시에만 유효하며, 문제가 복잡하면서도 어려운 때에는 그 유효성이 발휘되지 않습니다.

③ C 경사 : 정보수집 및 문제해결 등이 비교적 느리며 중간에 위치한 구성원을 제외하고는 주변에 위치한 구성원들의 만족감이 비교적 낮다는 평가를 받고 있죠

④ D 경위 : 구성원들 사이의 정보교환이 완전히 이루어지는 유형입니다.

⑤ E 경감 : 주로 세력집단의 리더가 커뮤니케이션의 중심적인 역할을 맡고, 비세력 또는 하위집단 등에도 연결되어 전체적인 커뮤니케이션 망을 형성하게 된다는 것을 알 수 있죠

18. 무역회사에 근무하는 팀장 S씨는 오전 회의를 통해 신입사원 O가 작성한 견적서를 살펴보았다. 그러던 중 다른 신입사원에게 지시한 주문양식이 어떻게 진행되고 있는지를 묻기 위해 신입사원 M을 불렀다. M은 "K가 제대로 주어진 업무를 하지 못하고 있어서 저는 아직까지 계속 기다리고만 있습니다. 그래서 아직 완성하지 못했습니다."라고 하였다. 그래서 K를 불러 물어보니 "M의 말은 사실이 아닙니다."라고 변명을 하고 있다. 팀장 S씨가 할 수 있는 가장 효율적인 대처방법은?

① 사원들 간의 피드백이 원활하게 이루어지는지 확인한다.
② 팀원들이 업무를 하면서 서로 협력을 하는지 확인한다.
③ 의사결정 과정에 잘못된 부분이 있는지 확인한다.
④ 중재를 하고 문제를 무엇인지 확인한다.
⑤ 팀원들이 어떻게 갈등을 해결하는지 지켜본다.

19. 다음 중 이미지 메이킹에 관한 내용으로 옳지 않은 것은?

① 개인이 추구하고자 하는 목표를 이루기 위해서 스스로 자기 이미지를 통합적으로 관리하는 것이다.
② 자기가치를 발견하고 이를 최고의 삶으로 만들어 가기 위한 전 분야에 걸친 자기 삶의 총체적인 경영전략이다.
③ 현대생활예절은 구체적인 방식 및 규칙 등을 여러 다양한 측면에서 제공한다.
④ 비언어적 커뮤니케이션 수단이며, 소극적인 의사소통행위이다.
⑤ 이미지의 체득은 시각 및 청각 등을 총괄한 미적체험 및 미적인식 오감에 호소하는 자기관리의 출발로 감성경영을 포함한다.

20. 협상에 있어 상대방을 설득시키는 일은 필수적이며 그 방법은 상황과 상대방에 따라 매우 다양하게 나타난다. 이에 따라 상대방을 설득하기 위한 협상 전략은 몇 가지로 구분될 수 있다. 협상 시 상대방을 설득시키기 위하여 상대방 관심사에 대한 정보를 확인 후 해당 분야의 전문가를 동반 참석시켜 우호적인 분위기를 이끌어낼 수 있는 전략은 어느 것인가?

① 호혜관계 형성 전략   ② 권위 전략
③ 반항심 극복 전략   ④ 헌신과 일관성 전략
⑤ 사회적 입증 전략

21. 다음 두 조직의 특성을 참고할 때, '갈등관리' 차원에서 본 두 조직에 대한 설명으로 적절하지 않은 것은?

> 감사실은 늘 조용하고 직원들 간의 업무적 대화도 많지 않아 전화도 큰소리로 받기 어려운 분위기다. 다들 무언가를 열심히 하고는 있지만 직원들끼리의 교류나 상호작용은 찾아보기 힘들고 왠지 활기찬 느낌은 없다. 그렇지만 직원들끼리 반목과 불화가 있는 것은 아니며, 부서장과 부서원들 간의 관계도 나쁘지 않아 큰 문제없이 맡은 바 임무를 수행해 나가기는 하지만 실적이 좋지는 않다.
> 반면, 빅데이터 운영실은 하루 종일 떠들썩하다. 한쪽에선 시끄러운 전화소리와 고객과의 마찰로 빚어진 언성이 오가며 여기저기 조직원들끼리의 대화가 끝없이 이어진다. 일부 직원은 부서장에게 꾸지람을 듣기도 하고 한쪽에선 직원들 간의 의견 충돌을 해결하느라 열띤 토론도 이어진다. 어딘가 어수선하고 집중력을 요하는 일은 수행하기 힘든 분위기처럼 느껴지지만 의외로 업무 성과는 우수한 조직이다.

① 감사실은 조직 내 갈등이나 의견 불일치 등의 문제가 거의 없어 이상적인 조직으로 평가될 수 있다.
② 빅데이터 운영실에서는 갈등이 새로운 해결책을 만들어 주는 기회를 제공한다.
③ 감사실은 갈등수준이 낮아 의욕이 상실되기 쉽고 조직성과가 낮아질 수 있다.
④ 빅데이터 운영실은 생동감이 넘치고 문제해결 능력이 발휘될 수 있다.
⑤ 두 조직의 차이점에서 '갈등의 순기능'을 엿볼 수 있다.

22. 갈등이 증폭되는 일반적인 원인이 아닌 것은?

① 승·패의 경기를 시작
② 승리보다 문제 해결을 중시하는 태도
③ 의사소통의 단절
④ 각자의 입장만을 고수하는 자세
⑤ 적대적 행동

23. 협상과정을 순서대로 바르게 나열한 것은?

① 협상 시작→상호 이해→실질 이해→해결 대안→합의 문서
② 협상 시작→상호 이해→실질 이해→합의 문서→해결 대안
③ 협상 시작→실질 이해→상호 이해→해결 대안→합의 문서
④ 협상 시작→실질 이해→상호 이해→합의 문서→해결 대안
⑤ 협상 시작→실질 이해→해결 대안→상호 이해→합의 문서

24. 조직 사회에서 일어나는 갈등을 해결하는 방법 중 문제를 회피하지 않으면서 상대방과의 대화를 통해 동등한 만큼의 목표를 서로 누리는 두 가지 방법이 있다. 이 두 가지 갈등해결방법에 대한 다음의 설명 중 빈칸에 들어갈 알맞은 말은?

> 첫 번째 유형은 자신에 대한 관심과 상대방에 대한 관심이 중간정도인 경우로서, 서로가 받아들일 수 있는 결정을 하기 위하여 타협적으로 주고받는 방식을 말한다. 즉, 갈등 당사자들이 반대의 끝에서 시작하여 중간 정도 지점에서 타협하여 해결점을 찾는 것이다.
> 두 번째 유형은 협력형이라고도 하는데, 자신은 물론 상대방에 대한 관심이 모두 높은 경우로서 '나도 이기고 너도 이기는 방법(win-win)'을 말한다. 이 방법은 문제해결을 위하여 서로 간에 정보를 교환하면서 모두의 목표를 달성할 수 있는 '윈윈' 해법을 찾는다. 아울러 서로의 차이를 인정하고 배려하는 신뢰감과 공개적인 대화를 필요로 한다. 이 유형이 가장 바람직한 갈등해결 유형이라 할 수 있다. 이러한 '윈윈'의 방법이 첫 번째 유형과 다른 점은 (   )는 것이며, 이것을 '윈윈 관리법'이라고 한다.

① 시너지 효과를 극대화할 수 있다.
② 상호 친밀감이 더욱 돈독해진다.
③ 보다 많은 이득을 얻을 수 있다.
④ 문제의 근본적인 해결책을 얻을 수 있다.
⑤ 대인관계를 넓힐 수 있다.

┃25~27┃ 다음에 나열된 숫자의 규칙을 찾아 빈칸에 들어가기 적절한 수를 고르시오.

25.

| 10 | 2 | $\frac{17}{2}$ | $\frac{9}{2}$ | 7 | 7 | $\frac{11}{2}$ | ( ) |

① $\frac{13}{2}$

② $\frac{15}{2}$

③ $\frac{17}{2}$

④ $\frac{19}{2}$

⑤ $\frac{21}{2}$

26.

6 7 9 13 21 37 ( )

① 69   ② 68

③ 67   ④ 66

⑤ 65

27.

20 10 3   30 5 7   40 5 ( )

① 8   ② 9

③ 10   ④ 11

⑤ 13

28. 어떤 물건의 정가는 원가에 $x\%$이익을 더한 것이라고 한다. 그런데 물건이 팔리지 않아 정가의 $x\%$를 할인하여 판매하였더니 원가의 4%의 손해가 생겼을 때, x의 값은?

① 5   ② 10

③ 15   ④ 20

⑤ 25

29. 다음 〈표〉는 콩 교역에 관한 자료이다. 이 자료에 대한 설명으로 옳지 않은 것은?

(단위 : 만 톤)

순위	수출국	수출량	수입국	수입량
1	미국	3,102	중국	1,819
2	브라질	1,989	네덜란드	544
3	아르헨티나	871	일본	517
4	파라과이	173	독일	452
5	네덜란드	156	멕시코	418
6	캐나다	87	스페인	310
7	중국	27	대만	169
8	인도	24	벨기에	152
9	우루과이	18	한국	151
10	볼리비아	12	이탈리아	144

① 이탈리아 수입량은 볼리비아 수출량의 12배이다.

② 수출량과 수입량 모두 상위 10위에 들어있는 국가는 네덜란드뿐이다.

③ 캐나다의 콩 수출량은 중국, 인도, 우루과이, 볼리비아 수출량을 합친 것보다 많다.

④ 수출국 1위와 10위의 수출량은 약 250배 이상 차이난다.

⑤ 파라과이 수출량은 브라질 수출량의 10%도 되지 않는다.

30. 다음은 3개 회사의 '갑' 제품에 대한 국내 시장 점유율 현황을 나타낸 자료이다. 다음 자료에 대한 설명 중 적절하지 않은 것은 어느 것인가?

(단위: %)

구분	2021	2022	2023	2024	2025
A 사	17.4	18.3	19.5	21.6	24.7
B 사	12.0	11.7	11.4	11.1	10.5
C 사	9.0	9.9	8.7	8.1	7.8

① 2021년부터 2025년까지 3개 회사의 점유율 증감 추이는 모두 다르다.

② 3개 회사를 제외한 나머지 회사의 '갑' 제품 점유율은 2021년 이후 매년 감소하였다.

③ 2021년 대비 2025년의 점유율 감소율은 C사가 B사보다 더 크다.

④ 3개 회사의 '갑' 제품 국내 시장 점유율이 가장 큰 해는 2025년이다.

⑤ 3개 회사의 2025년의 시장 점유율은 전년 대비 5% 이상 증가하였다.

31. 다음은 A제품과 B제품에 대한 연간 판매량을 분기별로 나타낸 자료이다. 이 자료에 대한 설명으로 적절하지 않은 것은 어느 것인가?

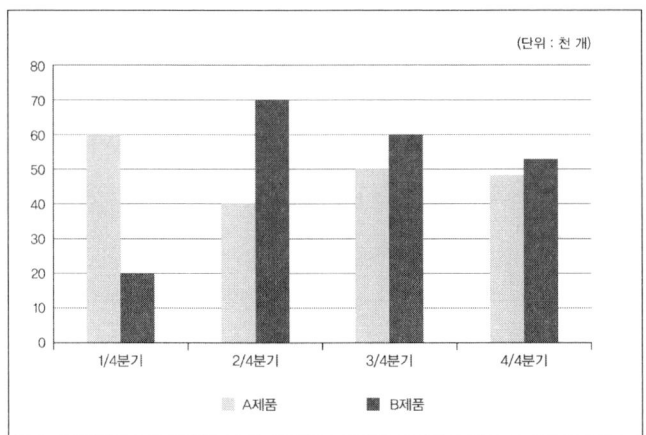

① A 제품과 B 제품은 동일한 시기에 편차가 가장 크게 나타난다.

② 연간 판매량은 B제품이 A제품보다 더 많다.

③ 4/4분기 전까지 두 제품의 분기별 평균 판매량은 동일하다.

④ 두 제품의 판매량 차이는 연말이 다가올수록 점점 감소한다.

⑤ 4/4분기 B제품의 판매량이 51이라면, B제품의 이전 분기 대비 판매량 감소율의 크기는 3/4분기가 4/4분기보다 더 작다.

32. 다음은 구직자를 대상으로 실시한 설문조사 결과이다. 다음 설명 중 적절하지 않은 것은 어느 것인가?

〈면접 시 가장 많이 받았던 질문〉

(단위: %)

질문내용	신입직	경력직
지원동기	61.3	51.6
자기소개	45.0	33.2
직무에 대한 관심	27.2	34.1
지원 분야 전문지식	28.9	29.7
전 직장에서의 프로젝트 수행사례	9.0	35.1
앞으로의 포부	17.5	14.7
인·적성 및 성격 장단점	13.8	17.9
개인의 가치관	12.3	12.6
지원 분야 인턴 경험	16.6	6.1
개인 신상	7.9	13.5
영어회화 실력	11.8	8.6

① 신입직과 경력직 모두에서 하위 3개 질문 중에 '영어회화 실력'이 포함된다.

② 경력직과 신입직의 응답비율 차이가 가장 큰 것은 '전 직장에서의 프로젝트 수행사례'이다.

③ '개인의 가치관' 질문에서 경력직과 신입직의 응답비율 차이가 가장 작다.

④ 신입직인 경우 가장 많이 받은 질문 5개는 '지원동기', '자기소개', '직무에 대한 관심', '지원 분야 전문지식', 그리고 '지원 분야 인턴 경험'이다.

⑤ 경력직인 경우 가장 많이 받은 질문 3개는 '지원동기', '전 직장에서의 프로젝트 수행사례', 그리고 '직무에 대한 관심'이다.

33. 다음은 어느 회사의 사원 입사월일을 정리한 자료이다. 아래 워크시트에서 [C4] 셀에 수식 '=EOMONTH(C3,1)'를 입력하였을 때 결과 값은? (단, [C4] 셀에 설정되어 있는 표시형식은 '날짜'이다)

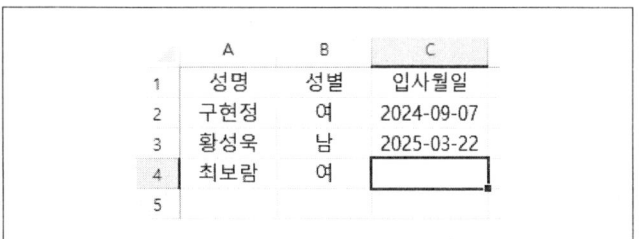

	A	B	C
1	성명	성별	입사월일
2	구현정	여	2024-09-07
3	황성욱	남	2025-03-22
4	최보람	여	
5			

① 2025-04-30
② 2025-03-31
③ 2025-02-28
④ 2024-09-31
⑤ 2024-08-31

34. G사 홍보팀에서는 다음과 같이 직원들의 수당을 지급하고자 한다. C12셀부터 D15셀까지 기재된 사항을 참고로 D열에 수식을 넣어 직책별 수당을 작성하였다. D2셀에 수식을 넣어 D10까지 드래그하여 다음과 같은 자료를 작성하였다면, D2셀에 들어가야 할 적절한 수식은?

	A	B	C	D
1	사번	직책	기본급	수당
2	9610114	대리	1,720,000	450,000
3	9610070	대리	1,800,000	450,000
4	9410065	과장	2,300,000	550,000
5	9810112	사원	1,500,000	400,000
6	9410105	과장	2,450,000	550,000
7	9010043	부장	3,850,000	650,000
8	9510036	대리	1,750,000	450,000
9	9410068	과장	2,380,000	550,000
10	9810020	사원	1,500,000	400,000
11				
12			부장	650,000
13			과장	550,000
14			대리	450,000
15			사원	400,000

① =VLOOKUP(C12,$C$12:$D$15,2,1)

② =VLOOKUP(C12,$C$12:$D$15,2,0)

③ =VLOOKUP(B2,$C$12:$D$15,2,0)

④ =VLOOKUP(B2,$C$12:$D$15,2,1)

⑤ =VLOOKUP(B2,$C$14:$D$15,2,0)

35. 다음 워크시트에서 수식 '=POWER(A3, A2)'의 결과 값은 얼마인가?

	A
1	1
2	3
3	5
4	7
5	9
6	11

① 5
② 81
③ 49
④ 125
⑤ 256

36. 다음은 H회사의 승진후보들의 1차 고과 점수 및 승진시험 점수이다. "생산부 사원"의 승진시험 점수의 평균을 알기 위해 사용해야 하는 함수는 무엇인가?

① AVERAGE
② AVERAGEA
③ AVERAGEIF
④ AVERAGEIFS
⑤ COUNTIF

37. 다음의 알고리즘에서 인쇄되는 S는?

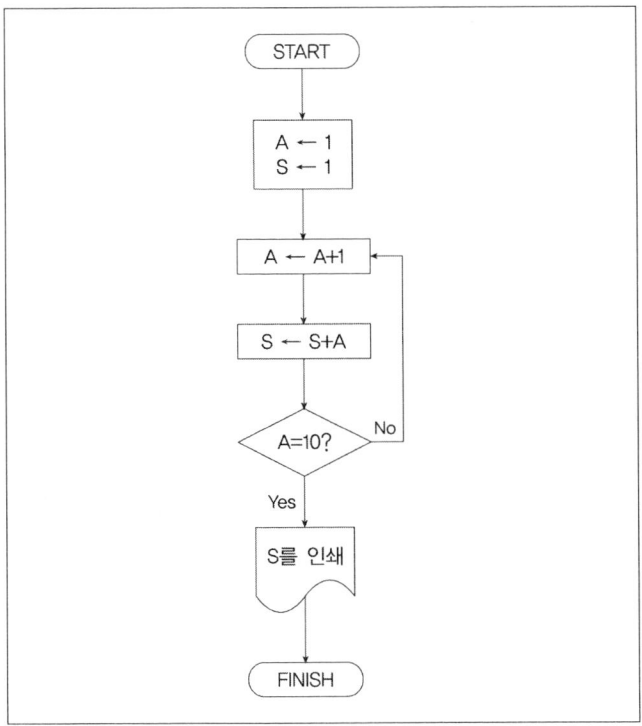

① 36 ② 45

③ 55 ④ 66

⑤ 77

38. T회사에서 근무하고 있는 N씨는 엑셀을 이용하여 작업을 하고자 한다. 엑셀에서 바로 가기 키에 대한 설명이 다음과 같을 때 괄호 안에 들어갈 내용으로 알맞은 것은?

> 통합 문서 내에서 (㉠) 키는 다음 워크시트로 이동하고 (㉡) 키는 이전 워크시트로 이동한다.

	㉠	㉡
①	〈Ctrl〉+〈Page Down〉	〈Ctrl〉+〈Page Up〉
②	〈Shift〉+〈Page Down〉	〈Shift〉+〈Page Up〉
③	〈Tab〉+←	〈Tab〉+→
④	〈Alt〉+〈Shift〉+↑	〈Alt〉+〈Shift〉+↓
⑤	〈Ctrl〉+〈Shift〉 +〈Page Down〉	〈Ctrl〉+〈Shift〉 +〈Page Up〉

39. 다음 시트의 [D10]셀에서 =DCOUNT(A2:F7,4,A9:B10)을 입력했을 때 결과 값으로 옳은 것은?

① 0 ② 1

③ 2 ④ 3

⑤ 4

40. 기억장치 배치전략이란 프로그램을 주기억장치 내의 어디에 위치시킬 것인가를 결정하는 전략을 의미한다. 아래와 같은 메모리 영역이 주어져 있다. 이 때 주기억장치 관리 기법에서 worst-fit을 사용할 경우에 10K의 프로그램이 할당받게 되는 영역의 번호를 고르면? (단, 모든 영역은 현재 공백 상태라고 가정한다.)

영역 1	9K
2	15K
3	10K
4	30K

① 영역 1   ② 영역 2

③ 영역 3   ④ 영역 4

⑤ 정답 없음

》》 전기일반(40문항)

41. 단자전압의 각 대칭분 V_0, V_1, V_2가 0이 아니면서 서로 같게 되는 고장의 종류는?

① 1선 지락

② 선간단락

③ 2선 지락

④ 3선 단락

⑤ 3상 단락

42. 다음과 같은 회로의 출력전압 $e_o(t)$의 위상은 입력전압 $e_i(t)$의 위상보다 어떻게 되는가?

① 앞선다.

② 뒤진다.

③ 동일하다.

④ 앞설 수도 있고 뒤질 수도 있다.

⑤ 알 수 없다.

43. RLC 직렬회로에서 공진시의 전류는 공급전압에 대하여 어떤 위상차를 갖는가?

① $0°$ ② $45°$

③ $90°$ ④ $180°$

⑤ $270°$

44. 다음 그림과 같은 T형 회로에서 4단자 정수가 아닌 것은?

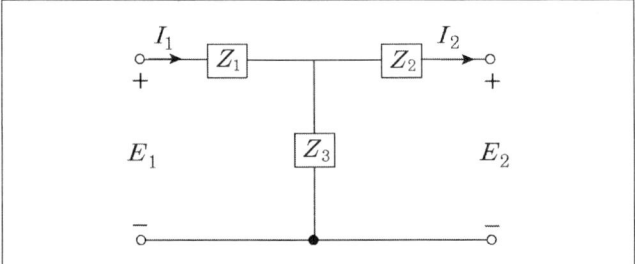

① $1 + \dfrac{Z_1}{Z_3}$

② $1 + \dfrac{Z_2}{Z_3}$

③ $\dfrac{Z_1 Z_2}{Z_3} + Z_1 + Z_2$

④ $1 + \dfrac{Z_2}{Z_1}$

⑤ $1 + \dfrac{Z_3}{Z_2}$

45. 전기량(전하)의 단위로 옳은 것은?

① C   ② mA

③ nW   ④ μF

⑤ kV

46. $F(s) = \dfrac{2s+3}{s^2+3s+2}$ 인 라플라스 함수를 시간 함수로 바르게 변환한 것은?

① $e^{-t} - 2e^{-2t}$ ② $e^{-t} + te^{-2t}$

③ $e^{-t} + e^{-2t}$ ④ $2t + e^{-t}$

⑤ $2t + e^{-2t}$

47. 다음 그림과 같은 T형 회로의 영상전달정수 θ는?

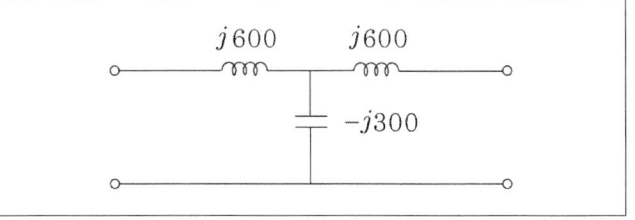

① 0   ② 1

③ -1 ④ -3

⑤ 2

48. 저항 4[Ω]과 유도 리액턴스 X_L[Ω]이 병렬로 접속된 회로에 12[V]의 교류전압을 가하니 5[A]의 전류가 흘렀다. 이 회로의 X_L[Ω]은?

① 8   ② 6

③ 3   ④ 1

⑤ 10

49. 다음 회로에서 10[Ω]의 저항에 흐르는 전류는?

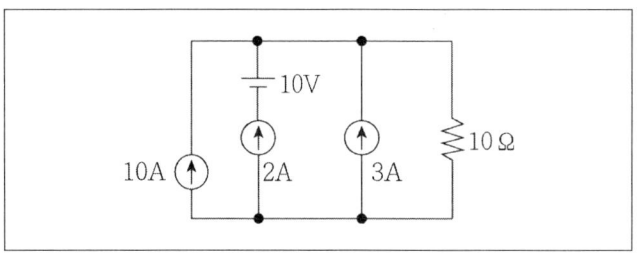

① 20[A]   ② 15[A]

③ 10[A]   ④ 8[A]

⑤ 5[A]

50. 10[Ω]의 저항 3개를 Y로 결선한 것을 등가 △ 결선으로 환산한 저항의 크기는?

① 20[Ω] ② 30[Ω]

③ 40[Ω] ④ 60[Ω]

⑤ 70[Ω]

51. 다음 그림의 회로에서 단자 b-c에 나타나는 전압 V_{bc}는 몇 [V]인가?

① 4 ② 6

③ 8 ④ 10

⑤ 15

52. 자유공간에서 변위 전류는 무엇에 의해서 발생하는가?

① 전압
② 자계
③ 전속밀도
④ 자속밀도
⑤ 전계

53. 1[μA]의 전류가 흐르고 있을 때, 1초 동안 통과하는 전자수는 약 몇 개인가? (단, 전자 1개의 전하는 1.602×10^{-19}[C]이다.)

① 6.24×10^{10} ② 6.24×10^{11}

③ 6.24×10^{12} ④ 6.24×10^{13}

⑤ 6.24×10^{14}

54. π[A]가 흐르고 있는 무한장 직선 도체로부터 수직으로 10[cm] 떨어진 점의 자계 세기는 몇 [A/m]인가?

① 0.05 ② 0.5

③ 5 ④ 10

⑤ 11

55. 다음 그림에서 I[A]의 전류가 반지름 a[m]의 무한히 긴 원주 도체를 축에 대하여 대칭으로 흐를 때, 원주 외부의 자계 H를 구한 값은?

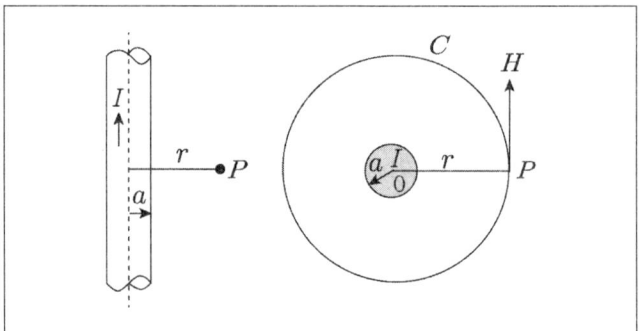

① $H = \dfrac{I}{4\pi r}$ [AT/m]

② $H = \dfrac{I}{4\pi r^2}$ [AT/m]

③ $H = \dfrac{I}{2\pi r}$ [AT/m]

④ $H = \dfrac{I}{2\pi r^2}$ [AT/m]

⑤ $H = \dfrac{I}{4\pi r}$ [AT/m]

56. 반지름 a[m]인 반원형 전류 I[A]에 의한 중심에서의 자계의 세기는 몇 [AT/m]인가?

① $\dfrac{I}{4a}$ ② $\dfrac{I}{a}$

③ $\dfrac{I}{2a}$ ④ $\dfrac{2I}{a}$

⑤ $\dfrac{3I}{a}$

57. 무한히 넓은 도체 평행판에 면밀도 σ[C/m²]의 전하가 분포되어 있는 경우 전력선은 면에 수직으로 나와 평행하게 발산된다. 이 평면의 전계의 세기는 몇 [V/m]인가?

① $\dfrac{\sigma}{\epsilon_0}$ ② $\dfrac{\sigma}{2\epsilon_0}$

③ $\dfrac{\sigma}{2\pi\epsilon_0}$ ④ $\dfrac{\sigma}{4\pi\epsilon_0}$

⑤ $\dfrac{\sigma}{5\pi\epsilon_0}$

58. 출력이 7.5[kW]인 3상 유도 전동기가 전부하 운전에서 2차 저항손이 200[W]일 때, 슬립은 약 몇 [%]인가?

① 6.6 ② 4.6

③ 2.6 ④ 1.6

⑤ 5.6

59. 변압기에 사용하는 변압기유가 갖추어야 할 성질이 아닌 것은?

① 절연 내력이 클 것
② 인화점이 높을 것
③ 유동성이 풍부하고 비열이 커서 냉각 효과가 클 것
④ 응고점이 높을 것
⑤ 응고점이 낮을 것

60. 전기자 반작용에 대한 설명으로 옳지 않은 것은?

① 전기자 중성축이 이동하여 주자속이 증가하고 정류자편 사이의 전압이 상승한다.
② 전기자 권선에 전류가 흘러서 생긴 기자력은 계자 기자력에 영향을 주어 자속의 분포가 기울어진다.
③ 직류 발전기에 미치는 영향으로는 중성축이 이동되고 정류자편 간의 불꽃 섬락이 일어난다.
④ 전기자 전류에 의한 자속이 계자 자속에 영향을 미치게 하여 자속 분포를 변화시키는 것이다.
⑤ 전기자 반작용은 전기자 전류에 의해 생성된 자속이 계자 자속과 상호 작용하여 자속 분포를 왜곡시키는 현상으로, 이는 발전기의 성능과 정류에 영향을 미친다.

61. 변압기 1차측 사용 탭이 6,300[V]인 경우, 2차측 전압이 110[V]였다면 2차측 전압을 약 120[V]로 하기 위해서는 1차측의 탭을 몇 [V]로 선택하여야 하는가?

① 6,000 ② 6,300

③ 6,600 ④ 6,900

⑤ 6,250

62. 다음 중 반도체 사이리스터로 속도 제어를 할 수 없는 것은?

① 정지형 레오나드 제어
② 일그너 제어
③ 초퍼 제어
④ 인버터 제어
⑤ 위상 제어

63. 주파수 50[Hz], 슬립 0.2인 경우 회전자 속도가 600[rpm]일 때 유도 전동기의 극수를 구하면?

① 6
② 8
③ 12
④ 16
⑤ 5

64. 변압기의 % 저항 강하와 % 누설 리액턴스 강하가 3%와 4%이다. 부하의 역률이 지상 60%일 때, 이 변압기의 전압 변동률[%]은?

① 3
② 4
③ 5
④ 7
⑤ 8

65. 수전단전압 66[kV], 전류 100[A], 선로저항 10[Ω], 선로 리액턴스 15[Ω]인 3상 단거리 송전선로의 전압강하율은 몇 [%]인가? (단, 수전단 역률은 0.8이다.)

① 2.46
② 2.74
③ 4.25
④ 4.46
⑤ 2.77

66. 직류송전방식이 교류송전방식에 비해 유리한 점이 아닌 것은?

① 선로의 절연이 용이하다.
② 통신선에 대한 유도잡음이 적다.
③ 표피효과에 의한 송전손실이 적다.
④ 정류가 필요 없고 승압 및 강압이 쉽다.
⑤ 장거리 송전 시 송전 효율이 높다.

67. 다음 중 뇌해 방지와 관계가 없는 것은?

① 매설지선
② 가공지선
③ 소호각
④ 댐퍼
⑤ 서지 흡수기

68. 송전계통에서 1선 지락 고장시 인접 통신선의 유도장해가 가장 큰 중성점 접지방식은?

① 비접지방식
② 저항접지방식
③ 직접접지방식
④ 소호리액터접지방식
⑤ 펄스접지방식

69. 3상 3선식에서 일정한 거리에 일정한 전력을 송전할 경우 선로에서의 저항손은 어떻게 되는가?

① 선간전압에 비례한다.
② 선간전압에 반비례한다.
③ 선간전압의 2승에 비례한다.
④ 선간전압의 2승에 반비례한다.
⑤ 선로의 길이에 반비례한다.

70. 전력선과 통신선과의 상호 정전용량 및 상호 인덕턴스에 의하여 발생되는 유도장해로 옳은 것은?

① 정전 유도 장해 및 전자 유도 장해
② 전력 유도 장해 및 정전 유도 장해
③ 정전 유도 장해 및 고조파 유도 장해
④ 전자 유도 장해 및 고조파 유도 장해
⑤ 전력 유도 장해 및 고조파 유도 장해

71. 전기자 도체의 굵기, 권수가 모두 같을 때 단중 중권에 비해 단중 파권 권선의 장점으로 옳은 것은?

① 전류는 커지며 저전압이 이루어진다.

② 전류는 적으나 저전압이 이루어진다.

③ 전류는 적으나 고전압이 이루어진다.

④ 전류가 커지며 고전압이 이루어진다.

⑤ 전류와 전압이 같아진다.

74. 인장강도는 작으나 도전율이 높아 옥내배선용으로 주로 사용되는 전선은?

① 연동선

② 알루미늄선

③ 경동선

④ 동복강선

⑤ 아연도강선

72. A, B 2대의 동기 발전기를 병렬 운전할 경우 B 발전기의 여자 전류를 증가시키면 그 결과로 옳은 것은?

① B 발전기의 역률 저하

② B 발전기의 전류 감소

③ B 발전기의 무효 전력 감소

④ B 발전기의 전력 증가

⑤ B 발전기의 역률 증가

75. 송전탑에 아킹혼을 설치하는 목적으로 옳은 것은?

① 코로나손의 방지

② 이상전압의 제한

③ 지지물의 보호

④ 섬락사고 시 애자의 보호

⑤ 전력품질 개선

73. 3상 유도 전동기의 기계적 출력이 P[kW], 회전수가 N[rpm]인 전동기의 토크[kg·m]는?

① $716\dfrac{P}{N}$

② $956\dfrac{P}{N}$

③ $975\dfrac{P}{N}$

④ $625\dfrac{P}{N}$

⑤ $925\dfrac{P}{N}$

76. 어떤 회로의 단자전압 및 전류의 순시값이
$$v = 220\sqrt{2}\sin\left(\omega t + \frac{\pi}{4}\right)\text{[V]}, \quad i = 5\sqrt{2}\sin\left(377t + \frac{\pi}{3}\right)\text{[A]}$$일 때, 복소 임피던스는 약 몇 [Ω]인가?

① $42.5 - j11.4$

② $42.5 - j9$

③ $50 + j11.4$

④ $50 - j11.4$

⑤ $50 + j4$

77. 다음과 같은 RC 회로의 입력단자에 계단전압을 인가하면 출력전압은?

① 0부터 지수적으로 증가한다.
② 처음에는 입력과 같이 변했다가 지수적으로 감쇠한다.
③ 같은 모양의 계단전압이 나타난다.
④ 아무것도 나타나지 않는다.
⑤ 출력 전압이 선형적으로 증가한다.

78. 다음 용어 설명 중 옳지 않은 것은?

① 역률 $= \dfrac{\text{유효전력}}{\text{피상전력}}$

② 파형률 $= \dfrac{\text{평균값}}{\text{실효값}}$

③ 파고율 $= \dfrac{\text{최댓값}}{\text{실효값}}$

④ 왜형률 $= \dfrac{\text{전고조파의 실효값}}{\text{기본파의 실효값}}$

⑤ 무효율 $= \dfrac{\text{무효전력}}{\text{피상전력}}$

79. $3r$[Ω]인 6개의 저항을 그림과 같이 접속하고 평형 3상 전압[V]을 가했을 때 전류 I는 몇 [A]인가? (단, $r = 2$[Ω], $V = 200\sqrt{3}$ [V]이다.)

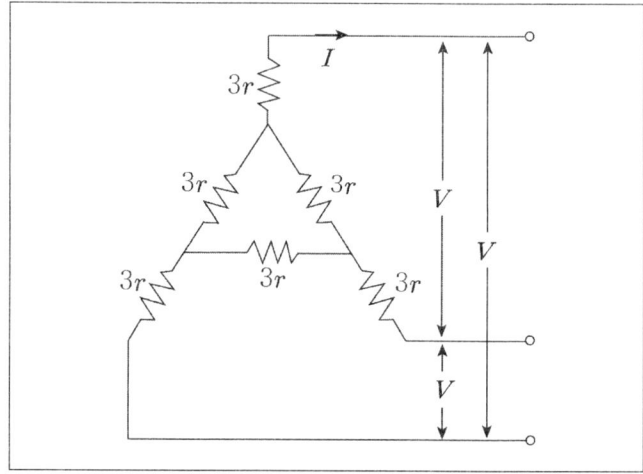

① 10   ② 15
③ 20   ④ 25
⑤ 30

80. 다음 용어에 대한 설명으로 옳은 것은?

① 능동소자는 나머지 회로에 에너지를 공급하는 소자이며, 그 값은 양과 음의 값을 갖는다.
② 종속전원은 회로 내의 다른 변수에 종속되어 전압 또는 전류를 공급하는 전원이다.
③ 선형 소자는 중첩의 원리와 비례의 법칙을 만족할 수 있는 다이오드 등을 말한다.
④ 개방회로는 두 단자 사이에 흐르는 전류가 양 단자에 전압과 관계없이 무한대값을 갖는다.
⑤ 비선형 소자는 전압과 전류의 관계가 항상 일정한 비율을 유지한다.

대구교통공사 필기시험 모의고사

직 취 선

성명

수험번호

직업기초능력평가

번호	①	②	③	④	⑤
1	①	②	③	④	⑤
2	①	②	③	④	⑤
3	①	②	③	④	⑤
4	①	②	③	④	⑤
5	①	②	③	④	⑤
6	①	②	③	④	⑤
7	①	②	③	④	⑤
8	①	②	③	④	⑤
9	①	②	③	④	⑤
10	①	②	③	④	⑤
11	①	②	③	④	⑤
12	①	②	③	④	⑤
13	①	②	③	④	⑤
14	①	②	③	④	⑤
15	①	②	③	④	⑤
16	①	②	③	④	⑤
17	①	②	③	④	⑤
18	①	②	③	④	⑤
19	①	②	③	④	⑤
20	①	②	③	④	⑤
21	①	②	③	④	⑤
22	①	②	③	④	⑤
23	①	②	③	④	⑤
24	①	②	③	④	⑤
25	①	②	③	④	⑤
26	①	②	③	④	⑤
27	①	②	③	④	⑤
28	①	②	③	④	⑤
29	①	②	③	④	⑤
30	①	②	③	④	⑤
31	①	②	③	④	⑤
32	①	②	③	④	⑤
33	①	②	③	④	⑤
34	①	②	③	④	⑤
35	①	②	③	④	⑤
36	①	②	③	④	⑤
37	①	②	③	④	⑤
38	①	②	③	④	⑤
39	①	②	③	④	⑤
40	①	②	③	④	⑤

전기일반

번호	①	②	③	④	⑤
41	①	②	③	④	⑤
42	①	②	③	④	⑤
43	①	②	③	④	⑤
44	①	②	③	④	⑤
45	①	②	③	④	⑤
46	①	②	③	④	⑤
47	①	②	③	④	⑤
48	①	②	③	④	⑤
49	①	②	③	④	⑤
50	①	②	③	④	⑤
51	①	②	③	④	⑤
52	①	②	③	④	⑤
53	①	②	③	④	⑤
54	①	②	③	④	⑤
55	①	②	③	④	⑤
56	①	②	③	④	⑤
57	①	②	③	④	⑤
58	①	②	③	④	⑤
59	①	②	③	④	⑤
60	①	②	③	④	⑤
61	①	②	③	④	⑤
62	①	②	③	④	⑤
63	①	②	③	④	⑤
64	①	②	③	④	⑤
65	①	②	③	④	⑤
66	①	②	③	④	⑤
67	①	②	③	④	⑤
68	①	②	③	④	⑤
69	①	②	③	④	⑤
70	①	②	③	④	⑤
71	①	②	③	④	⑤
72	①	②	③	④	⑤
73	①	②	③	④	⑤
74	①	②	③	④	⑤
75	①	②	③	④	⑤
76	①	②	③	④	⑤
77	①	②	③	④	⑤
78	①	②	③	④	⑤
79	①	②	③	④	⑤
80	①	②	③	④	⑤

대구교통공사

전기일반

제2회 모의고사

성명		생년월일	
문제 수(배점)	80문항	풀이시간	/ 80분
영역	직업기초능력평가, 전공과목(전기일반)		
비고	객관식 5지선다형		

※ 유의사항

• 문제지 및 답안지의 해당란에 문제유형, 성명, 응시번호를 정확히 기재하세요.

• 모든 기재 및 표기사항은 "컴퓨터용 흑색 수성 사인펜"만 사용합니다.

• 예비 마킹은 중복 답안으로 판독될 수 있습니다.

>> 직업기초능력평가(40문항)

1. 밑줄 친 단어의 맞춤법이 옳은 것은?

① 그대와의 추억이 <u>있으매</u> 저는 행복하게 살아갑니다.

② 신제품을 <u>선뵀어도</u> 매출에는 큰 영향이 없을 거예요.

③ 생각지 못한 일이 자꾸 생기니 그때의 상황이 참 <u>야속터 군요.</u>

④ 그 발가숭이 몸뚱이가 위로 번쩍 쳐들렸다가 물속에 텀벙 <u>쳐박히는</u> 순간이었습니다.

⑤ 하늘이 뚫린 것인지 <u>몇 날 몇 일</u>을 기다려도 비는 그치지 않았다.

2. 다음 중 띄어쓰기가 모두 옳은 것은?

① 행색이∨초라한∨게∨보아∨하니∨시골∨양반∨같다.

② 이처럼∨희한한∨구경은∨난생∨처음입니다.

③ 이제∨별볼일이∨없으니∨그냥∨돌아갑니다.

④ 하잘것없는∨일로∨형제∨끼리∨다투어서야∨되겠소?

⑤ 동생네는∨때맞추어∨모든∨일을∨잘∨처리해∨나갔다.

3. 다음 중 제시된 문장의 빈칸에 들어갈 단어로 알맞은 것을 고르시오.

> • 환전을 하기 위해 현금을 (   )했다.
> • 장기화 되던 법정 다툼에서 극적으로 합의가 (   )되었다.
> • 회사 내의 주요 정보를 빼돌리던 스파이를 (   )했다.

① 입출(入出) – 도출(導出) – 검출(檢出)

② 입출(入出) – 검출(檢出) – 도출(導出)

③ 인출(引出) – 도출(導出) – 색출(索出)

④ 인출(引出) – 검출(檢出) – 색출(索出)

⑤ 수출(輸出) – 도출(導出) – 검출(檢出)

4. 다음 글의 중심 내용으로 가장 적절한 것을 고르시오.

> 한 번에 두 가지 이상의 일을 할 때 당신은 마음에게 흩어지라고 지시하는 것입니다. 그것은 모든 분야에서 좋은 성과를 내는 데 필수적인 요소가 되는 집중과는 정반대입니다. 당신은 자신의 마음이 분열되는 상황에 처하도록 하는 경우도 많습니다. 마음이 흔들리도록, 과거나 미래에 사로잡히도록, 문제들을 안고 낑낑거리도록, 강박이나 충동에 따라 행동하는 때가 그런 경우입니다. 예를 들어, 읽으면서 동시에 먹을 때 마음의 일부는 읽는 데 가 있고, 일부는 먹는 데 가 있습니다. 이런 때는 어느 활동에서도 최상의 것을 얻지 못합니다. 다음과 같은 부처의 가르침을 명심하세요. '걷고 있을 때는 걸어라. 앉아 있을 때는 앉아 있어라. 갈팡질팡하지 마라.' 당신이 하는 모든 일은 당신의 온전한 주의를 받을 가치가 있는 것이어야 합니다. 단지 부분적인 주의를 받을 가치밖에 없다고 생각하면, 그것이 진정으로 할 가치가 있는지 자문하세요. 어떤 활동이 사소해 보이더라도, 당신은 마음을 훈련하고 있다는 사실을 명심하세요.

① 일을 시작하기 전에 먼저 사소한 일과 중요한 일을 구분하는 습관을 기르라.

② 한 번에 두 가지 이상의 일을 성공적으로 수행할 수 있도록 훈련하라.

③ 자신이 하는 일에 전적으로 주의를 집중하라.

④ 과거나 미래가 주는 교훈에 귀를 기울이라.

⑤ 모든 일에 가치를 판단하고 시작하라.

5. 다음 괄호 안에 알맞은 접속사를 고르시오.

> 항공기 결빙은 기체에 달라붙으므로 착빙(着氷)이라고 부른다. 먼저 기체에 달라붙는 착빙으로는 서리 착빙이 있다. 이는 활주로에 주기 중인 항공기에 잘 발생하며, 맑은 날 복사냉각에 의해 공기 온도가 0℃ 이하로 냉각될 때 항공기 기체에 접촉된 수증기가 승화해서 만들어지는 것이다. 서리가 내리는 것과 같은 원리다. 이 외에 비행 중에도 서리 착빙이 발생하기도 한다. 이는 빙점 이하의 아주 저온인 기층에서 비행해 온 항공기가 급격히 고온다습한 공기층으로 비행할 때 발생한다. 서리 착빙은 새털 모양의 부드러운 얼음의 피막 형태로 가벼우며 얼음의 중량은 문제되지 않는다. (   ) 서리가 붙은 그대로 이륙하면 공기흐름이 흐트러져 이륙 속도에 도달할 수 없게 될 수도 있다. (   ) 거친 착빙(rime icing)이 있다. 거친 착빙은 저온인 작은 입자의 과냉각 물방울이 충돌했을 때 생기며, 수빙(樹氷)이라고도 한다. 거친 착빙은 물방울이나 과냉각 물방울이 많은 −20℃~0℃의 기온에서 주로 발생하며 날개 등 항공기 기체 첨단부의 풍상 측에서 잘 발생한다.

① 그리하여, 이를테면

② 한편, 게다가

③ 아무튼, 그렇지만

④ 그러나, 다음으로

⑤ 따라서, 그리하여

6. 다음 글의 제목으로 가장 적절한 것을 고르시오.

> 매일 먹는 밥. 하지만 밥의 주재료인 쌀에 대해서 아는 사람은 그리 많지 않을 것이다. 쌀이 벼의 씨라는 것쯤은 벼를 본 적이 없는 도시인들도 다 아는 상식이다. 그러나 언제부터 벼를 재배하기 시작했으며, 벼에는 어떤 종류가 있으며, 각 나라의 쌀에는 어떤 차이가 있으며, 그 차이를 만들어내는 원인이 무엇인지는 벼를 재배하고 있는 사람들조차 낯선 정보들이다.
>
> 쌀이 중요한 이유는 인간이 살아가는 데 꼭 필요한 영양소인 당질을 공급해 주기 때문이다. 당질은 단백질, 지방질 등과 함께 체외로부터 섭취하지 않으면 살아갈 수 없는 필수 영양소다. 특히 당질은 식물만 생산이 가능하기 때문에 인간에게 있어 곡물 재배의 역사는 곧 인류의 역사라고도 할 수 있다. 쌀은 옥수수, 밀과 함께 세계 3대 곡물이다.
>
> 그러나 옥수수가 주로 사료용으로 쓰인다는 점을 감안하면 실제로는 쌀과 밀이 식량으로서의 세계 곡물 시장을 양분하고 있는 셈이다. 곡물이라고 불리는 식물들은 모두 재배식물이다. 벼도 마찬가지로 야생벼의 탄생은 수억년 전으로 거슬러 올라간다. 하지만 재배벼에서 비롯된 오리자 사티바 즉 현재 우리가 먹고 있는 쌀은 1만 년 전 중국 장강 유역에서 탄생했다. 한편 벼 품종은 1920년대 세계 각지의 쌀을 처음으로 본 일본 큐슈대학의 카토 시게모토 교수의 분류법에 따라 재배벼를 일본형인 '자포니카'와 인도형인 '인디카'로 구분해 왔다. 즉 벼를 야생벼와 재배벼가 나눈 다음 재배벼를 다시 인디카와 자포니카로 나누는 것이다. 하지만 자연과학의 발달로 최근에는 이런 분류보다는 벼를 인디카형과 자포니카형으로 나누고 각각을 야생형과 재배형으로 나누는 분류법이 더 타당하다는 주장이 제기되고 있다. 위에서 말한 오리자 사티바는 자포니카를 말한다. 반면 인도 등 남아시아의 벼인 인디카는 중국에서 탄생한 자포니카가 아시아 일대로 옮겨져 야생종과의 교배를 통해 탄생한 것이다. 하지만 전세계 쌀의 90%는 인디카다. 자포니카는 한국과 일본, 중국, 미국 캘리포니아 지역에서만 재배되고 있다.
>
> 간단하게 쌀의 기본적인 내용에 대해서 살펴보았지만 벼가 재배되는 지역의 풍토에 따라 쌀과 쌀로 만든 요리도 저마다의 특징을 나타낸다. 그렇다면 각국을 대표하는 쌀 요리를 통하여 쌀의 역사와 세계사적 의미를 살펴보는 것도 의미 있는 작업이 될 것이다.

① 쌀의 구분법   ② 쌀의 곡물로서의 가치

③ 쌀의 역사와 종류   ④ 쌀의 영양소

⑤ 쌀의 지역적 분포와 근원

7. 다음 글의 서술 방식에 대한 설명으로 옳지 않은 것은?

글로벌 광고란 특정 국가의 제품이나 서비스의 광고주가 자국 외의 외국에 거주하는 소비자들을 대상으로 하는 광고를 말한다. 브랜드의 국적이 갈수록 무의미해지고 문화권에 따라 차이가 나는 상황에서, 소비자의 문화적 차이는 글로벌 소비자 행동에 막대한 영향을 미친다고 할 수 있다. 또한 점차 지구촌 시대가 열리면서 글로벌 광고의 중요성은 더 커지고 있다. 비교문화연구자 드 무이는 "글로벌한 제품은 있을 수 있지만 완벽히 글로벌한 인간은 있을 수 없다"고 말하기도 했다. 오랫동안 글로벌 광고 전문가들은 광고에서 감성 소구 방법이 이성 소구에 비해 세계인에게 보편적으로 받아들여진다고 생각해 왔지만 특정 문화권의 감정을 다른 문화권에 적용하면 동일한 효과를 얻기 어렵다는 사실이 속속 밝혀지고 있다. 일찍이 홉스테드는 문화권에 따른 문화적 가치관의 다섯 가지 차원을 제시했는데 권력 거리, 개인주의-집단주의, 남성성-여성성, 불확실성의 회피, 장기지향성이 그것이다. 그리고 이 다섯 가지 차원은 국가 간 비교 문화의 맥락에서 글로벌 광고 전략을 전개할 때 반드시 고려해야 하는 기본 전제가 된다.
그렇다면 글로벌 광고의 표현 기법에는 어떤 것들이 있을까? 글로벌 광고의 보편적 표현 기법은 크게 공개 기법, 진열 기법, 연상전이 기법, 수업 기법, 드라마 기법, 오락 기법, 상상 기법, 특수효과 기법 등 여덟 가지로 나눌 수 있다.

① 용어의 정의를 통해 논지에 대한 독자의 이해를 돕고 있다.
② 기존의 주장을 반박하는 방식으로 논지를 펼치고 있다.
③ 의문문을 사용함으로써 독자들로 하여금 호기심을 유발시키고 있다.
④ 전문가의 말을 인용함으로써 글의 신뢰성을 높이고 있다.
⑤ 예시와 열거 등의 설명 방법을 구사하여 주장의 설득력을 높이고 있다.

8. 다음 글을 읽고 알 수 있는 사실로 옳지 않은 것은?

반의관계는 서로 반대되거나 대립되는 의미를 가진 단어 사이의 의미 관계이다. 반의 관계는 두 단어가 여러 공통 의미 요소를 가지고 있으면서 다만 하나의 의미 요소가 다를 때 성립한다. 가령 '총각'의 반의어가 '처녀'인 것은 두 단어가 여러 공통 의미 요소를 가지고 있으면서 '성별'이라고 하는 하나의 의미 요소가 다르기 때문이다. 반의어는 반의관계의 성격에 따라 분류할 수 있다. 즉 반의어에는 '금속', '비금속'과 같이 한 영역 안에서 상호 배타적 대립관계에 있는 상보(모순) 반의어, '길다', '짧다'와 같이 두 단어 사이에 등급성이 있어서 중간 단계가 있는 등급(정도) 반의어, '형', '아우'와 '출발선', '결승선' 등과 같이 두 단어가 상대적 관계를 형성하고 있으면서 의미상 대칭을 이루고 있는 방향(대칭) 반의어가 있다.

① '앞'과 '뒤'는 등급 반의어가 아니다.
② '삶'과 '죽음'은 방향 반의어가 아니다.
③ 상보 반의어에는 '액체'와 '기체'가 있다.
④ 등급 반의어에는 '크다'와 '작다'가 있다.
⑤ 방향 반의어에는 '오른쪽'과 '왼쪽'이 있다.

9. 다음 〈조건〉을 바탕으로 반드시 범인이 아닌 사람을 고르면?

〈조건〉
• A, B, C, D, E 5명 중 2명이 범인이 있다.
• 범인은 목격자가 될 수 없으며, 범인이 아닌 3명 중 1명의 목격자가 있다.
• 5명 중 3명이 진술을 진실이고, 2명의 진술은 거짓이다.

A : E가 범인임을 목격했다.
B : C가 범인임을 목격했다.
C : 나는 범인이다.
D : A의 진술은 진실이다.
E : 나는 범인이 아니다.

① A   ② B
③ C   ④ D
⑤ E

10. 다음 물질 A, B, C의 특성에 대하여 추정한 것으로 옳은 것만을 〈보기〉에서 있는 대로 고른 것은?

갑, 을, 병은 산행을 하다 식용으로 보이는 버섯을 채취하였다. 하산 후 갑은 생버섯 5g과 술 5잔, 을은 끓는 물에 삶은 버섯 5g과 술 5잔, 병은 생버섯 5g만 먹었다.

다음 날 갑과 을은 턱 윗부분만 검붉게 변하는 악취(顎醉) 현상이 나타났으며, 둘 다 5일 동안 지속되었으나 병은 그러한 현상이 없었다. 또한, 세 명은 버섯을 먹은 다음 날 오후부터 미각을 상실했다가, 7일 후 모두 회복되었다. 한 달 후 건강 검진을 받은 세 명은 백혈구가 정상치의 1/3 수준으로 떨어진 것이 발견되어 무균 병실에 입원하였다. 세 명 모두 1주일이 지나 백혈구 수치가 정상이 되어 퇴원하였고 특별한 치료를 한 것은 없었다.

담당 의사는 만성 골수성 백혈병의 권위자였다. 만성 골수성 백혈병은 비정상적인 유전자에 의해 백혈구를 필요 이상으로 증식시키는 티로신 키나아제 효소가 만들어짐으로써 나타난다. 담당 의사는 3개월 전 문제의 버섯을 30g 섭취한 사람이 백혈구의 급격한 감소로 사망한 보고가 있다는 것을 알았으며, 해당 버섯에서 악취 현상 원인 물질 A, 미각 상실 원인 물질 B, 백혈구 감소 원인 물질 C를 분리하였다.

〈보기〉
㉠ A는 알코올과의 상호 작용에 의해서 증상을 일으킨다.
㉡ B는 알코올과의 상관관계는 없고, 물에 끓여도 효과가 약화되지 않는다.
㉢ C는 물에 끓이면 효과가 약화되며, 티로신 키나아제의 작용을 억제하는 물질로 적정량 사용하면 만성 골수성 백혈병 치료제의 가능성이 있다.

① ㉠   ② ㉢
③ ㉠, ㉡   ④ ㉡, ㉢
⑤ ㉠, ㉡, ㉢

11. 다음을 보고 옳은 것을 모두 고르면?

대구교통공사에서 문건 유출 사건이 발생하여 관련자 다섯 명을 소환하였다. 다섯 명의 이름을 편의상 갑, 을, 병, 정, 무라 부르기로 한다. 다음은 관련자들을 소환하여 조사한 결과 참으로 밝혀진 내용들이다.
㉠ 소환된 다섯 명이 모두 가담한 것은 아니다.
㉡ 갑과 을은 문건유출에 함께 가담하였거나 함께 가담하지 않았다.
㉢ 을이 가담했다면 병이 가담했거나 갑이 가담하지 않았다.
㉣ 갑이 가담하지 않았다면 정도 가담하지 않았다.
㉤ 정이 가담하지 않았다면 갑이 가담했고 병은 가담하지 않았다.
㉥ 갑이 가담하지 않았다면 무도 가담하지 않았다.
㉦ 무가 가담했다면 병은 가담하지 않았다.

① 가담한 사람은 갑, 을, 병 세 사람뿐이다.
② 가담하지 않은 사람은 무 한 사람뿐이다.
③ 가담한 사람은 을과 병 두 사람뿐이다.
④ 가담한 사람은 병과 정 두 사람뿐이다.
⑤ 가담한 사람은 갑, 을, 병, 무 이렇게 네 사람이다.

12. 다음 글의 내용이 참일 때, 반드시 참인 것만을 모두 고른 것은?

> 전통문화 활성화 정책의 일환으로 일부 도시를 선정하여 문화관광특구로 지정할 예정이다. 특구 지정 신청을 받아본 결과, A, B, C, D, 네 개의 도시가 신청하였다. 선정과 관련하여 다음 사실이 밝혀졌다.
>
> • A가 선정되면 B도 선정된다.
> • B와 C가 모두 선정되는 것은 아니다.
> • B와 D 중 적어도 한 도시는 선정된다.
> • C가 선정되지 않으면 B도 선정되지 않는다.

> ㉠ A와 B 가운데 적어도 한 도시는 선정되지 않는다.
> ㉡ B도 선정되지 않고, C도 선정되지 않는다.
> ㉢ D는 선정된다.

① ㉠
② ㉡
③ ㉠, ㉢
④ ㉡, ㉢
⑤ ㉠, ㉡, ㉢

13. 다음의 선발조건을 근거로 판단하여 2026년 3월 인사 파견에 선발될 직원을 모두 고른 것은?

• 대구교통공사는 소속 임직원들의 역량 강화를 위해 정례적으로 인사 파견을 실시하고 있다.
• 인사 파견은 지원자 중 3명을 선발하여 1년간 이루어지고 파견 기간은 변경되지 않는다.
• 선발조건은 다음과 같다.
  - 과장을 선발하는 경우 동일 부서에 근무하는 직원을 1명 이상 함께 선발한다.
  - 동일 부서에 근무하는 2명 이상의 팀장을 선발할 수 없다.
  - 기술본부 직원을 1명 이상 선발한다.
  - 근무평정이 70점 이상인 직원만을 선발한다.
  - 어학능력이 '하'인 직원을 선발한다면 어학 능력이 '상'인 직원도 선발한다.
  - 직전 인사 파견 기간이 종료된 이후 2년이 경과하지 않은 직원을 선발할 수 없다.
• 2025년 3월 인사 파견의 지원자 현황은 다음과 같다.

직원	직위	근무부서	근무평정	어학능력	직전 인사 파견 시작 시점
A	과장	기술본부	65	중	2014. 1.
B	과장	사업본부	75	하	2015. 1.
C	팀장	기술본부	90	중	2015. 7.
D	팀장	차량본부	70	상	2014. 7.
E	팀장	차량본부	75	중	2015. 1.
F	사원	기술본부	75	중	2015. 1.
G	사원	사업본부	80	하	2014. 7.

① A, D, F
② B, D, G
③ B, E, F
④ C, D, G
⑤ D, F, G

14. 반지 상자 A, B, C 안에는 각각 금반지와 은반지 하나씩 들어있고, 나머지 상자는 비어있다. 각각의 상자 앞에는 다음과 같은 말이 씌어있다. 그런데 이 말들 중 하나의 말만이 참이며, 은반지를 담은 상자 앞 말은 거짓이다. 다음 중 항상 맞는 것은?

A 상자 앞 : 상자 B에는 은반지가 있다.
B 상자 앞 : 이 상자는 비어있다.
C 상자 앞 : 이 상자에는 금반지가 있다.

① 상자 A에는 은반지가 있다.
② 상자 A에는 금반지가 있다.
③ 상자 B에는 은반지가 있다.
④ 상자 B에는 금반지가 있다.
⑤ 상자 B는 비어있다.

15. A, B, C, D, E는 형제들이다. 다음의 〈보기〉를 보고 첫째 부터 막내까지 올바르게 추론한 것은?

〈보기〉
㉠ A는 B보다 나이가 적다.
㉡ D는 C보다 나이가 적다.
㉢ E는 B보다 나이가 많다.
㉣ A는 C보다 나이가 많다.

① E > B > D > A > C
② E > B > A > C > D
③ E > B > C > D > A
④ D > C > A > B > E
⑤ D > C > A > E > B

16. 다음을 읽고 네 사람의 직업이 중복되지 않을 때 C의 직업이 무엇인지 고르면?

㉠ A가 국회의원이라면 D는 영화배우이다.
㉡ B가 승무원이라면 D는 치과의사이다.
㉢ C가 영화배우면 B는 승무원이다.
㉣ C가 치과의사가 아니라면 D는 국회의원이다.
㉤ D가 치과의사가 아니라면 B는 영화배우가 아니다.
㉥ B는 국회의원이 아니다.

① 국회의원
② 영화배우
③ 승무원
④ 치과의사
⑤ 알 수 없다.

17. 다음 글은 A 변호사가 B 의뢰자에게 하는 커뮤니케이션의 스킬을 나타낸 것이다. 대화를 읽고 A 변호사의 커뮤니케이션 스킬에 대한 내용으로 가장 거리가 먼 것을 고르면?

A : "좀 꺼내기 어려운 얘기지만 방금 말씀하신 변호사 보수에 대해 저희 사무실 입장을 솔직히 말씀드려도 실례가 되지 않을까요?"

B : 네, 그러세요

A : "아마 알아보시면 아시겠지만 통상 중형법률사무소 변호사들의 시간당 단가가 20만원 내지 40만 원 정도 사이입니다. 이 사건에 투입될 변호사는 3명이고 그 3명의 시간당 단가는 20만원, 25만원, 30만원이며 변호사별로 약 OO 시간 동안 이 일을 하게 될 것 같습니다. 그렇다면 전체적으로 저희 사무실에서 투여되는 비용은 800만 원 정도인데, 지금 의뢰인께서 말씀하시는 300만 원의 비용만을 받게 된다면 저희들은 약 500만 원 정도의 손해를 볼 수밖에 없습니다."

B : 그렇군요.

A : "그 정도로 손실을 보게 되면 저는 대표변호사님이나 선배 변호사님들께 다른 사건을 두고 왜 이 사건을 진행해서 전체적인 사무실 수익성을 악화시켰냐는 질책을 받을 수 있습니다. 어차피 법률사무소도 수익을 내지 않으면 힘들다는 것은 이해하실 수 있으시겠죠?"

B : 네, 이해가 됩니다.

A : "어느 정도 비용을 보장해 주셔야 저희 변호사들이 힘을 내서 일을 할 수 있고, 사무실 차원에서도 제가 전폭적인 지원을 이끌어낼 수 있습니다. 이는 귀사를 위해서도 바람직할 것이라 여겨집니다."

B : 네

A : "너무 제 입장만 말씀 드린 거 같습니다. 제 의견에 대해 어떻게 생각하시는지요?"

B : 듣고 보니 맞는 말씀이네요.

① 상대에게 솔직하다는 느낌을 전달하게 된다.
② 상대가 나의 입장과 감정을 전달해서 상호 이해를 돕는다.
③ 상대는 나의 느낌을 수용하며, 자발적으로 스스로의 문제를 해결하고자 하는 의도를 가진다.
④ 상대에게 개방적이라는 느낌을 전달하게 된다.
⑤ 상대는 변명하려 하거나 반감, 저항, 공격성을 보인다.

18. 다음 글에서 나타난 갈등을 해결한 방법은?

갑과 을은 일 처리 방법으로 자주 얼굴을 붉힌다. 갑은 처음부터 끝까지 계획에 따라 일을 진행하려고 하고, 을은 일이 생기면 즉흥적으로 해결하는 성격이다. 같은 회사 동료인 병은 이 둘에게 서로의 성향 차이를 인정할 줄 알아야 한다고 중재를 했고, 이 둘은 어쩔 수 없이 포기하는 것이 아닌 서로간의 차이가 있다는 점을 비로소 인정하게 되었다.

① 사람들과 눈을 자주 마주친다.
② 다른 사람들의 입장을 이해한다.
③ 사람들이 당황하는 모습을 자세하게 살핀다.
④ 자신의 의견을 명확하게 밝히고 지속적으로 강화한다.
⑤ 어려운 문제는 피하지 말고 맞선다.

19. 효과적인 팀이란 팀 에너지를 최대로 활용하는 고성과 팀이다. 다음 중 이러한 '효과적인 팀'이 가진 특징으로 적절하지 않은 것은?

① 역할과 책임을 명료화시킨다.
② 결과보다는 과정에 초점을 맞춘다.
③ 개방적으로 의사소통한다.
④ 개인의 강점을 활용한다.
⑤ 팀 자체의 효과성을 평가한다.

20. 다음 사례에서 장부장이 취할 수 있는 가장 적절한 행동은 무엇인가?

> 서울에 본사를 둔 T그룹은 매년 상반기와 하반기에 한 번씩 전 직원이 워크숍을 떠난다. 이는 평소 직원들 간의 단체생활을 중시 여기는 T그룹 회장의 지침 때문이다. 하지만 워낙 직원이 많은 T그룹이다 보니 전 직원이 한꺼번에 움직이는 것은 불가능하고 각 부서별로 그 부서의 장이 재량껏 계획을 세우고 워크숍을 진행하도록 되어 있다. 이에 따라 생산부서의 장부장은 부원들과 강원도 태백산에 가서 1박 2일로 야영을 하기로 했다. 하지만 워크숍을 가는 날 아침 갑자기 예약한 버스가 고장이 나서 출발을 못한다는 연락을 받았다.

① 워크숍은 장소보다도 이를 통한 부원들의 단합과 화합이 중요하므로 서울 근교의 적당한 장소를 찾아 워크숍을 진행한다.
② 무슨 일이 있어도 계획을 실행하기 위해 새로 예약 가능한 버스를 찾아보고 태백산으로 간다.
③ 어쩔 수 없는 일이므로 상사에게 사정을 얘기하고 이번 워크숍은 그냥 집에서 쉰다.
④ 각 부원들에게 의견을 물어보고 각자 자율적으로 하고 싶은 활동을 하도록 한다.
⑤ 시간이 늦어지더라도 예정된 강원도로 야영을 간다.

21. 다음 중 협상에서 주로 나타나는 실수와 그 대처방안이 잘못된 것은?

① 준비되기도 전에 협상이 시작되는 경우 아직 준비가 덜 되었음을 솔직히 말하고 상대방의 입장을 묻는 기회로 삼는다.
② 협상 상대가 협상에 대하여 타결권한을 가진 최고책임자인지 확인하고 협상을 시작한다.
③ 협상의 통제권을 잃을까 두려워하지 말고 의견 차이를 조정하면서 최선의 해결책을 찾기 위해 노력한다.
④ 설정한 목표와 한계에서 벗어나지 않기 위해 한계와 목표를 기록하고 협상의 길잡이로 삼는다.
⑤ 협상 당사자 간에 기대하는 바에 일관성 있게 헌신적으로 부응한다.

22. 갈등해결방법 모색 시 명심해야 할 사항으로 옳지 않은 것은?

① 다른 사람들의 입장 이해하기
② 어려운 문제에 맞서기
③ 어느 한쪽으로 치우치지 않기
④ 적극적으로 논쟁하기
⑤ 존중하는 자세로 대하기

23. 다음에서 설명하는 갈등해결방법은?

> 자신에 대한 관심은 낮고 상대방에 대한 관심은 높은 경우로, '나는 지고 너는 이기는 방법'이다. 주로 상대방이 거친 요구를 해오는 경우 전형적으로 나타난다.

① 회피형   ② 경쟁형
③ 수용형   ④ 타협형
⑤ 통합형

24. 다음 사례에 나타난 리더십 유형의 특징으로 옳은 것은?

> 이번에 새로 팀장이 된 대근은 입사 5년차인 비교적 젊은 팀장이다. 그는 자신의 팀에 있는 팀원들은 모두 나름대로의 능력과 경험을 가지고 있으며 자신은 그들 중 하나에 불과하다고 생각한다. 따라서 다른 팀의 팀장들과 같이 일방적으로 팀원들에게 지시를 내리거나 팀원들의 의견을 듣고 그 중에서 마음에 드는 의견을 선택적으로 추리는 등의 행동을 하지 않고 평등한 입장에서 팀원들을 대한다. 또한 그는 그의 팀원들에게 의사결정 및 팀의 방향을 설정하는데 참여할 수 있는 기회를 줌으로써 팀 내 행동에 따른 결과 및 성과에 대해 책임을 공유해 나가고 있다. 이는 모두 팀원들의 능력에 대한 믿음에서 비롯된 것이다.

① 질문을 금지한다.
② 모든 정보는 리더의 것이다.
③ 실수를 용납하지 않는다.
④ 책임을 공유한다.
⑤ 핵심정보를 공유하지 않는다.

|25~27| 다음에 나열된 숫자의 규칙을 찾아 빈칸에 들어가기 적절한 수를 고르시오.

25.

22	4	2	19	3	1	37	5	2
	5	3	2	54	6	( )		

① 0 ② 1
③ 2 ④ 3
⑤ 4

26.

78 86 92 94 98 106 ( )

① 110 ② 112
③ 114 ④ 116
⑤ 118

27.

$\dfrac{1}{3}$ $\dfrac{4}{5}$ $\dfrac{13}{9}$ $\dfrac{40}{17}$ $\dfrac{121}{33}$ ( ) $\dfrac{1093}{129}$

① $\dfrac{364}{65}$ ② $\dfrac{254}{53}$
③ $\dfrac{413}{48}$ ④ $\dfrac{197}{39}$
⑤ $\dfrac{174}{36}$

28. 피자 1판의 가격이 치킨 1마리의 가격의 2배인 가게가 있다. 피자 3판과 치킨 2마리의 가격의 합이 80,000원일 때, 피자 1판의 가격은?

① 10,000원 ② 12,000원
③ 15,000원 ④ 18,000원
⑤ 20,000원

29. ○○그룹은 직원들의 인문학 역량 향상을 위하여 독서 캠페인을 진행하고 있다. 다음 〈표〉는 인사팀 사원 6명의 지난달 독서 현황을 보여주는 자료이다. 이 자료를 바탕으로 할 때, 〈보기〉의 설명 가운데 옳지 않은 것을 모두 고르면?

〈표〉 인사팀 사원별 독서 현황

구분 \ 사원	준호	영우	나현	준걸	주연	태호
성별	남	남	여	남	여	남
독서량(권)	0	2	6	4	8	10

〈보기〉
㉠ 인사팀 사원들의 평균 독서량은 5권이다.
㉡ 남자 사원인 동시에 독서량이 5권 이상인 사원수는 남자 사원수의 50% 이상이다.
㉢ 독서량이 2권 이상인 사원 가운데 남자 사원의 비율은 인사팀에서 여자 사원 비율의 2배이다.
㉣ 여자 사원이거나 독서량이 7권 이상인 사원수는 전체 인사팀 사원수의 50% 이상이다.

① ㉠, ㉡ ② ㉠, ㉢
③ ㉠, ㉣ ④ ㉡, ㉢
⑤ ㉡, ㉣

30. 다음은 '갑' 지역의 연도별 65세 기준 인구의 분포를 나타낸 자료이다. 이에 대한 올바른 해석은 어느 것인가?

구분	인구 수(명)		
	계	65세 미만	65세 이상
2018년	66,557	51,919	14,638
2019년	68,270	53,281	14,989
2020년	150,437	135,130	15,307
2021년	243,023	227,639	15,384
2022년	325,244	310,175	15,069
2023년	465,354	450,293	15,061
2024년	573,176	557,906	15,270
2025년	659,619	644,247	15,372

① 65세 미만 인구수는 조금씩 감소하였다.
② 2025년 인구수가 2018년에 비해 약 10배로 증가한 데에는 65세 미만 인구수의 영향이 크다.
③ 65세 이상 인구수는 매년 지속적으로 증가하였다.
④ 65세 이상 인구수는 매년 전체의 5% 이상이다.
⑤ 전년 대비 65세 이상 인구수가 가장 많이 변화한 3개 연도는 2019년, 2020년, 2024년이다.

31. 다음 표는 우리나라의 기대수명과 고혈압 및 당뇨 유병률, 비만율에 대한 표이다. 이에 대한 설명으로 옳은 것은?

(단위 : 세, %)

	2019	2020	2021	2022	2023	2024	2025
기대수명	79.6	80.1	80.5	80.8	81.2	81.4	81.9
고혈압 유병률	24.6	26.3	26.4	26.9	28.5	29	27.3
당뇨 유병률	9.6	9.7	9.6	9.7	9.8	9	11
비만율	31.7	30.7	31.3	30.9	31.4	32.4	31.8

① 고혈압 유병률과 당뇨 유병률은 해마다 증가하고 있다.
② 고혈압 유병률의 변동은 2023년에 가장 크게 나타났다.
③ 당뇨 유병률의 변동은 1% 이상 나타나지 않는다.
④ 비만율의 증감은 증가 또는 감소와 같이 일정한 방향성이 없다.
⑤ 기대수명은 해마다 0.5세 이상 변동이 나타난다.

32. A, B, C 직업을 가진 부모 세대 각각 200명, 300명, 400명을 대상으로 자녀도 동일 직업을 갖는지 여부를 물은 설문조사 결과가 다음과 같았다. 다음 조사 결과를 올바르게 해석한 설명을 〈보기〉에서 모두 고른 것은 어느 것인가?

〈세대 간의 직업 이전 비율〉

(단위 : %)

자녀 직업 / 부모 직업	A	B	C	기타
A	35	20	40	5
B	25	25	35	15
C	25	40	25	10

* 한 가구 내에서 부모의 직업은 따로 구분하지 않으며, 모든 자녀의 수는 부모 당 1명이라고 가정한다.

〈보기〉

(가) 부모와 동일한 직업을 갖는 자녀의 수는 C직업이 A직업보다 많다.
(나) 부모의 직업과 다른 직업을 갖는 자녀의 비중은 B와 C직업이 동일하다.
(다) 응답자의 자녀 중 A직업을 가진 사람은 B직업을 가진 사람보다 더 많다.
(라) 기타 직업을 가진 자녀의 수는 B직업을 가진 부모가 가장 많다.

① (나), (다), (라)
② (가), (나), (라)
③ (가), (다), (라)
④ (가), (나), (다)
⑤ (가), (나), (다), (라)

33. 귀하는 중견기업 영업관리팀 사원으로 매출분석업무를 담당하고 있다. 아래와 같이 엑셀 워크시트로 서울에 있는 강북, 강남, 강서, 강동 등 4개 매장의 '수량'과 '상품코드'별 단가를 이용하여 금액을 산출하고 있다. 귀하가 다음 중 [D2] 셀에서 사용하고 있는 함수식으로 옳은 것은 무엇인가? (금액 = 수량 × 단가)

자료

	A	B	C	D
1	지역	상품코드	수량	금액
2	강북	AA-10	15	45,000
3	강남	BB-20	25	125,000
4	강서	AA-10	30	90,000
5	강동	CC-30	35	245,000
6				
7		상품코드	단가	
8		AA-10	3,000	
9		BB-20	7,000	
10		CC-30	5,000	
11				

① =C2*VLOOKUP(B2,$B$8:$C$10, 1, 1)
② =B2*HLOOKUP(C2,$B$8:$C$10, 2, 0)
③ =C2*VLOOKUP(B2,$B$8:$C$10, 2, 0)
④ =C2*HLOOKUP($B$8:$C$10, 2, B2)
⑤ =B2*HLOOKUP($B$8:$C$10, 2, 0)

34. 다음 워크시트에서처럼 주민등록번호가 입력되어 있을 때, 이 셀의 값을 이용하여 [C1] 셀에 성별을 '남' 또는 '여'로 표시하고자 한다. [C1] 셀에 입력해야 하는 수식은? (단, 주민등록번호의 8번째 글자가 1이면 남자, 2이면 여자이다)

	A	B	C
1	임나라	870808-2235672	
2	정현수	850909-1358527	
3	김동하	841010-1010101	
4	노승진	900202-1369752	
5	은봉미	890303-2251547	

① =CHOOSE(MID(B1,8,1), "여", "남")

② =CHOOSE(MID(B1,8,2), "남", "여")

③ =CHOOSE(MID(B1,8,1), "남", "여")

④ =IF(RIGHT(B1,8)="1", "남", "여")

⑤ =IF(RIGHT(B1,8)="2", "남", "여")

35. 다음 워크시트에서 영업2부의 보험실적 합계를 구하고자 할 때, [G2] 셀에 입력할 수식으로 옳은 것은?

	A	B	C	D	E	F	G
1	성명	부서	성별	보험실적		부서	보험실적 합계
2	윤진주	영업1부	여	13		영업2부	
3	임성민	영업2부	남	12			
4	김옥순	영업1부	여	15			
5	김은지	영업3부	여	20			
6	최준오	영업2부	남	8			
7	윤한성	영업3부	남	9			
8	하은영	영업2부	여	11			
9	남영호	영업1부	남	17			

① =DSUM(A1:D9, 3, F1:F2)

② =DSUM(A1:D9, "보험실적", F1:F2)

③ =DSUM(A1:D9, "보험실적", F1:F3)

④ =SUM(A1:D9, "보험실적", F1:F2)

⑤ =SUM(A1:D9, 4, F1:F2)

┃36~37┃ 다음은 선택정렬에 관한 설명과 예시이다. 이를 보고 물음에 답하시오.

선택정렬(Selection sort)은 주어진 데이터 중 최솟값을 찾고 최솟값을 정렬되지 않은 데이터 중 맨 앞에 위치한 값과 교환한다. 교환은 두 개의 숫자가 서로 자리를 맞바꾸는 것을 말한다. 정렬된 데이터를 제외한 나머지 데이터를 같은 방법으로 교환하여 반복하면 정렬이 완료된다.

〈예시〉

68, 11, 3, 82, 7을 정렬하려고 한다.

• 1회전 (최솟값 3을 찾아 맨 앞에 위치한 68과 교환)

68	11	3	82	7

3	11	68	82	7

• 2회전 (정렬이 된 3을 제외한 데이터 중 최솟값 7을 찾아 11과 교환)

3	11	68	82	7

3	7	68	82	11

• 3회전 (정렬이 된 3, 7을 제외한 데이터 중 최솟값 11을 찾아 68과 교환)

3	7	68	82	11

3	7	11	82	68

• 4회전 (정렬이 된 3, 7, 11을 제외한 데이터 중 최솟값 68을 찾아 82와 교환)

3	7	11	82	68

3	7	11	68	82

36. 다음 수를 선택정렬을 이용하여 오름차순으로 정렬하려고 한다. 2회전의 결과는?

5, 3, 8, 1, 2

① 1, 2, 8, 5, 3

② 1, 2, 5, 3, 8

③ 1, 2, 3, 5, 8

④ 1, 2, 3, 8, 5

⑤ 1, 2, 8, 3, 5

37. 다음 수를 선택정렬을 이용하여 오름차순으로 정렬하려고 한다. 3회전의 결과는?

55, 11, 66, 77, 22

① 11, 22, 66, 55, 77

② 11, 55, 66, 77, 22

③ 11, 22, 66, 77, 55

④ 11, 22, 55, 77, 66

⑤ 11, 22, 55, 66, 77

38. 다음 시트처럼 한 셀에 두 줄 이상 입력하려는 경우 줄을 바꿀 때 사용하는 키는?

① ⟨Shift⟩+⟨Ctrl⟩+⟨Enter⟩

② ⟨Alt⟩+⟨Enter⟩

③ ⟨Alt⟩+⟨Shift⟩+⟨Enter⟩

④ ⟨Shift⟩+⟨Enter⟩

⑤ ⟨Ctrl⟩+⟨Enter⟩

39. 다음 ㉠~㉢의 설명에 맞는 용어가 순서대로 올바르게 짝지어진 것은 어느 것인가?

㉠ 유통분야에서 일반적으로 물품관리를 위해 사용된 바코드를 대체할 차세대 인식기술로 꼽히며, 판독 및 해독 기능을 하는 판독기(reader)와 정보를 제공하는 태그(tag)로 구성된다.

㉡ 컴퓨터 관련 기술이 생활 구석구석에 스며들어 있음을 뜻하는 '퍼베이시브 컴퓨팅(pervasive computing)'과 같은 개념이다.

㉢ 메신저 애플리케이션의 통화 기능 또는 별도의 데이터 통화 애플리케이션을 설치하면 통신사의 이동통신망이 아니더라도 와이파이(Wi-Fi)를 통해 단말기로 데이터 음성통화를 할 수 있으며, 이동통신망의 음성을 쓰지 않기 때문에 국외 통화 시 비용을 절감할 수 있다는 장점이 있다.

① RFID, 유비쿼터스, VoIP

② POS, 유비쿼터스, RFID

③ RFID, POS, 핫스팟

④ POS, VoIP, 핫스팟

⑤ RFID, VoIP, POS

40. 다음 중 아래 시트에서 'C6' 셀에 제시된 바와 같은 수식을 넣을 경우 나타나게 될 오류 메시지는 어느 것인가?

	A	B	C
1	직급	이름	수당(원)
2	과장	홍길동	750,000
3	대리	조길동	600,000
4	차장	이길동	830,000
5	사원	박길동	470,000
6	합계		=SUM(C2:C6)

① #NUM!

② #VALUE!

③ #DIV/0!

④ 순환 참조 경고

⑤ #N/A

>> 전기일반(40문항)

41. 그림과 같은 회로에 있어서 스위치 S를 닫았을 때 L에 가해지는 전압은? (단, $i(0) = 0$이다.)

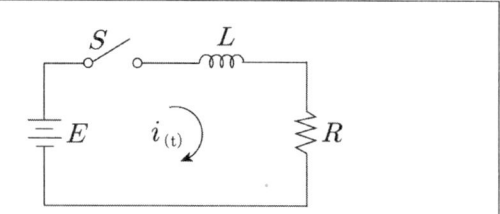

① $\dfrac{E}{R} e^{-\frac{R}{L}t}$

② $\dfrac{E}{R} e^{-\frac{L}{R}t}$

③ $E e^{-\frac{R}{L}t}$

④ $E e^{\frac{L}{R}t}$

⑤ $\dfrac{E}{R} e^{\frac{L}{R}t}$

42. 점전하 Q_1, Q_2 사이에 작용하는 쿨롱의 힘이 F일 때, 이 부근에 점전하 Q_3를 놓을 경우 Q_1과 Q_2 사이의 쿨롱의 힘은 F'이다. F와 F'의 관계로 옳은 것은?

① $F > F'$이다.

② $F < F'$이다.

③ $F = F'$이다.

④ $F \le F'$이다.

⑤ Q_3의 크기에 따라 다르다.

43. 반지름이 a[m]이고 단위 길이에 대한 권수가 n인 무한장 솔레노이드의 단위 길이당 자기 인덕턴스는 몇 [H/m]인가?

① $2\mu\pi a^2 n^2$

② $\mu\pi a n$

③ $\dfrac{an}{2\mu\pi}$

④ $4\mu\pi a^2 n^2$

⑤ $\mu\pi a^2 n^2$

44. 다음 그림과 같은 콘덴서 C[F]에 교번 전압 $V_s \sin\omega t$[V]를 가했을 때, 콘덴서 내의 변위전류[A]는?

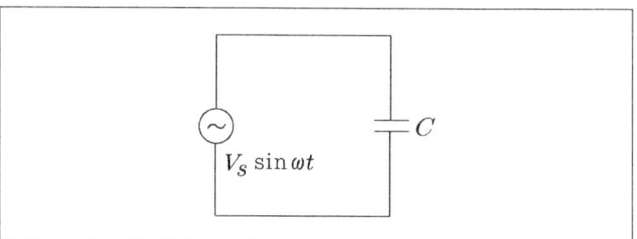

① $\dfrac{V_s}{\omega C} \cos\omega t$

② $\omega C V_s \tan\omega t$

③ $\omega C V_s \sin\omega t$

④ $\omega C V_s \cos\omega t$

⑤ $\dfrac{V_s}{\omega C} \sin\omega t$

45. 패러데이의 법칙에서 유도기전력 e[V]를 바르게 표현한 것은?

① $e = -\dfrac{1}{N}\dfrac{d\phi}{dt}$

② $e = -\dfrac{1}{N^2}\dfrac{d\phi}{dt}$

③ $e = -N\dfrac{d\phi}{dt}$

④ $e = -N^2\dfrac{d\phi}{dt}$

⑤ $e = N\dfrac{d\phi}{dt}$

46. 교류회로에서 역률은 무엇을 의미하는가?

① 전압과 전류의 위상차의 정현

② 전압과 전류의 위상차의 여현

③ 임피던스와 리액턴스의 위상차의 여현

④ 임피던스와 저항의 위상차의 정현

⑤ 전압과 전류의 값

47. 어떤 회로에 $e = 50\sin\omega t$[V]를 인가 시 $i = 4\sin(\omega t - 30°)$[A]가 흘렀다면 유효전력은 몇 [W]인가?

① 173.2 ② 105.3

③ 86.6 ④ 62.2

⑤ 66.2

48. 3상 회로의 영상분, 정상분, 역상분을 각각 I_0, I_1, I_2이라 하고 선전류를 I_a, I_b, I_c라 할 때 I_b는? $\left(\text{단, } a = -\dfrac{1}{2} + j\dfrac{\sqrt{3}}{2} \text{이다.}\right)$

① $I_0 + I_1 + I_2$

② $\dfrac{1}{3}(I_0 + I_1 + I_2)$

③ $I_0 + a^2 I_1 + a I_2$

④ $\dfrac{1}{3}(I_0 + a I_1 + a^2 I_2)$

⑤ $\dfrac{2}{3}(I_0 + a I_1 + a^2 I_2)$

49. 기전력 3[V], 내부저항 0.5[Ω]의 전지 9개가 있다. 이것을 3개씩 직렬로 하여 3조 병렬 접속한 것에 부하저항 1.5[Ω]을 접속하면 부하전류[A]는?

① 2.5 ② 3.5

③ 4.5 ④ 5.5

⑤ 6.5

50. 구형파의 파형률과 파고율로 옳은 것은?

① 1, 0 ② 1.11, 1.414

③ 1, 1 ④ 1.57, 2

⑤ 1.58, 3

51. 횡축에 대칭인 삼각파 교류전압의 평균값[V]은?

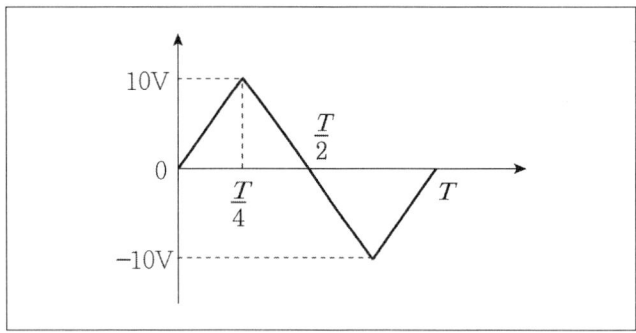

① 3 ② 5

③ 7 ④ 10

⑤ 15

52. 전기력선의 성질에 대한 설명으로 옳지 않은 것은?

① 전계가 0이 아닌 곳에서는 2개의 전기력선은 교차하는 일이 없다.

② 전기력선은 도체 내부에 존재한다.

③ 전하가 없는 곳에서는 전기력선의 발생, 소멸이 없다.

④ 전기력선은 그 자신만으로 폐곡선을 만들지 않는다.

⑤ 전기력선은 양전하에서 나와 음전하로 들어간다.

53. 유전체의 분극률이 x일 때 분극 벡터 $P=xE$의 관계가 있다고 한다. 비유전율 4인 유전체의 분극률은 진공의 유전율 ϵ_0의 몇 배인가?

① 1   ② 3

③ 9   ④ 12

⑤ 15

54. 다음 그림과 같이 정전용량이 C_0[F]가 되는 평행판 공기 콘덴서에 판면적의 $\frac{1}{2}$ 되는 공간에 비유전율이 ϵ_s인 유전체를 채 웠을 때, 정전용량은 몇 [F]인가?

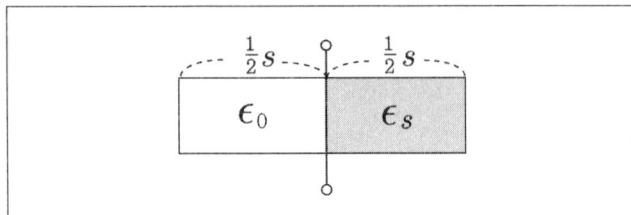

① $\frac{1}{2}(1+\epsilon_s)C_0$ ② $(1+\epsilon_s)C_0$

③ $\frac{2}{3}(1+\epsilon_s)C_0$ ④ C_0

⑤ $\frac{2}{3}(2+\epsilon_s)C_0$

55. 환상 철심에 권수 100회인 A코일과 권수 400회인 B코일이 있을 때, A의 자기 인덕턴스가 4[H]라면 두 코일의 상호 인덕턴스는 몇 [H]인가?

① 16   ② 12

③ 8   ④ 6

⑤ 10

56. 선전하 밀도가 λ[C/m]로 균일한 무한 직선 도선의 전하로부터 거리가 r[m]인 점의 전계 E는 몇 [V/m]인가?

① $E=\frac{1}{4\pi\epsilon_0}\cdot\frac{\lambda}{r^2}$

② $E=\frac{1}{2\pi\epsilon_0}\cdot\frac{\lambda}{r^2}$

③ $E=\frac{1}{2\pi\epsilon_0}\cdot\frac{\lambda}{r}$

④ $E=\frac{1}{4\pi\epsilon_0}\cdot\frac{\lambda}{r}$

⑤ $E=\frac{1}{5\pi\epsilon_0}\cdot\frac{\lambda}{r}$

57. 정전류가 흐르고 있는 무한 직선 도체로부터 수직으로 0.1[m] 떨어진 점의 자계의 크기가 100[A/m]이면 0.4[m]만큼 떨어진 점의 자계의 크기는?

① 10   ② 25

③ 30   ④ 50

⑤ 40

58. 다음 중 비례 추이를 하는 전동기는?

① 단상 유도 전동기

② 권선형 유도 전동기

③ 동기 전동기

④ 정류자 전동기

⑤ 유도 전동기

59. 무부하의 장거리 송전 선로에 동기 발전기를 접속하는 경우, 송전 선로의 자기 여자 현상을 방지하기 위해서 동기 조상기를 사용하였다. 이때 동기 조상기의 계자 전류를 어떻게 하여야 하는가?

① 계자전류를 0으로 한다.

② 부족 여자로 한다.

③ 과여자로 한다.

④ 역률이 1인 상태에서 일정하게 한다.

⑤ 무효 전력을 최대로 공급한다.

60. 사이리스터의 래칭(latching) 전류에 대한 설명으로 옳은 것은?

① 게이트를 개방한 상태에서 사이리스터 도통 상태를 유지하기 위한 최소 전류

② 게이트 전압을 인가한 후 급히 제거한 상태에서 도통 상태가 유지되는 최소의 순전류

③ 사이리스터의 게이트를 개방한 상태에서 전압이 상승하면 급히 증가하게 되는 순전류

④ 사이리스터가 턴온하기 시작하는 전류

⑤ 사이리스터의 턴오프 과정에서 필요한 최소의 역전류

61. 동기 전동기에 설치된 제동 권선의 효과로 옳지 않은 것은?

① 송전선 불평형 단락시 이상 전압 방지

② 과부하 내량의 증대

③ 기동 토크의 발생

④ 난조 방지

⑤ 부하 변동에 따른 동기 안전성 향상

62. 보극이 없는 직류기에서 브러시를 부하에 따라 이동시키는 이유로 적합한 것은?

① 공극 자속의 일그러짐을 없애기 위하여

② 유기 기전력을 없애기 위하여

③ 전기자 반작용의 감자 분력을 없애기 위하여

④ 정류 작용을 잘 되게 하기 위하여

⑤ 전기자 반작용으로 인해 발생하는 자기장을 완전히 제거하기 위하여

63. 직류 분권 전동기의 정격 전압이 300[V], 전부하 전기자 전류가 50[A], 전기자 저항이 0.2[Ω]일 때, 이 전동기의 기동전류를 전부하 전류의 120[%]로 제한시키기 위한 기동 저항값은 몇 [Ω]인가?

① 3.5   ② 4.8

③ 5.5   ④ 6.8

⑤ 7.8

64. 다음 중 변압기에서 철손을 알 수 있는 시험은?

① 유도 시험

② 단락 시험

③ 부하 시험

④ 무부하 시험

⑤ 절연 내력 시험

65. 변류기 개방시 2차측을 단락하는 이유로 가장 옳은 것은?

① 1차측 과전류 방지
② 2차측 과전류 보호
③ 측정 오차 방지
④ 2차측 절연 보호
⑤ 1차측 전압 강하 방지

66. 초고압 장거리 송전선로에 접속되는 1차 변전소에 병렬 리액터를 설치하는 목적으로 옳은 것은?

① 페란티 효과 방지
② 코로나 손실 경감
③ 전압강하 경감
④ 선로 손실 경감
⑤ 전력 품질 향상

67. 리클로저에 대한 설명으로 옳은 것은?

① 배전선로용은 고장구간을 고속 차단하여 제거한 후 다시 수동조작에 의해 배전이 되도록 설계된 것이다.
② 재폐로계전기와 함께 설치하여 계전기가 고장을 검출하고 이를 차단기에 통보, 차단하도록 된 것이다.
③ 3상 재폐로차단기는 1상의 차단이 가능하고 무전압시간을 약 20~30초로 정하여 재폐로하도록 되어 있다.
④ 배전선로의 고장구간을 고속 차단하고 재송전하는 조작을 자동적으로 시행하는 재폐로차단장치를 장비한 자동차단기이다.
⑤ 리클로저는 고장 발생 시 반드시 1회만 재폐로를 한다.

68. 저압뱅킹방식인 캐스케이딩 현상에 대한 설명으로 옳은 것은?

① 전압 동요가 적은 현상
② 변압기의 부하 분배가 균일하지 못한 현상
③ 전압선의 고장에 의하여 건전한 변압기의 일부 또는 전부가 차단되는 현상
④ 저압선이나 변압기에서 고장이 생기면 자동적으로 고장이 제거되는 현상
⑤ 변압기 뱅킹 방식에서 하나의 변압기 고장이 나머지 변압기에는 영향을 주지 않는 현상

69. 송배전선로에 사용하는 직렬콘덴서에 대한 설명으로 옳은 것은?

① 최대 송전전력이 감소하고 정태안정도가 감소된다.
② 부하의 변동에 따른 수전단의 전압변동률은 증대한다.
③ 장거리선로의 유도리액턴스를 보상하고 전압강하를 감소시킨다.
④ 송·수 양단의 전달임피던스가 증가하고 안정 극한전력이 감소한다.
⑤ 직렬 콘덴서는 선로의 저항 성분을 감소시켜 송전 효율을 향상시킨다.

70. 지중 전선로와 가공 전선로를 비교했을 때 지중 전선로의 장점에 해당하는 것이 아닌 것은?

① 경과지 확보가 가공 전선로에 비해 쉽다.
② 다회선 설치가 가공 전선로에 비해 쉽다.
③ 외부 기상 여건 등의 영향을 받지 않는다.
④ 송전 용량이 가공 전선로에 비해 크다.
⑤ 충전부 절연으로 안전성을 확보할 수 있다.

71. RLC 직렬회로에서 회로저항의 값이 다음의 어느 때이어야 이 회로가 부족제동이 되었다고 하는가?

① $R = 0$

② $R > 2\sqrt{\dfrac{L}{C}}$

③ $R = 2\sqrt{\dfrac{L}{C}}$

④ $R < 2\sqrt{\dfrac{L}{C}}$

⑤ $R = 10$

72. 다음 중 자기 회로의 자기 저항에 대한 설명으로 옳은 것은?

① 자기 회로의 단면적에 비례한다.

② 투자율에 반비례한다.

③ 자기 회로의 길이에 반비례한다.

④ 단면적에 반비례하고 길이의 제곱에 비례한다.

⑤ 자기 회로의 길이에 비례하고 투자율과 단면적에 반비례한다.

73. 길이 1[m]인 철심($\mu_s = 1,000$)의 자기 회로에 1[mm]의 공극이 생겼다면 전체의 자기 저항은 약 몇 배로 증가되는가? (단, 각 부의 단면적은 일정하다.)

① 1.5   ② 2

③ 2.5   ④ 3

⑤ 4

74. 다음 중 전계의 세기를 나타낸 것으로 옳지 않은 것은?

① 선전하에 의한 전계 : $E = \dfrac{Q}{4\pi\epsilon_0 r}$

② 점전하에 의한 전계 : $E = \dfrac{Q}{4\pi\epsilon_0 r^2}$

③ 구전하에 의한 전계 : $E = \dfrac{Q}{4\pi\epsilon_0 r^2}$

④ 전기 쌍극자에 의한 전계 : $E = \dfrac{M}{4\pi\epsilon_0 r^2}\sqrt{1 + 3\cos^2\theta}$

⑤ 평면 전하에 의한 전계 : $E = \dfrac{\sigma}{2\epsilon_0}$

75. 다음 그림과 같이 점 O를 중심으로 a[m]의 도체구 1과 내반지름 b[m], 외반지름 c[m]의 도체구 2가 있다. 이 도체계에서 전위계수 P_{11}[1/F]에 해당하는 것은?

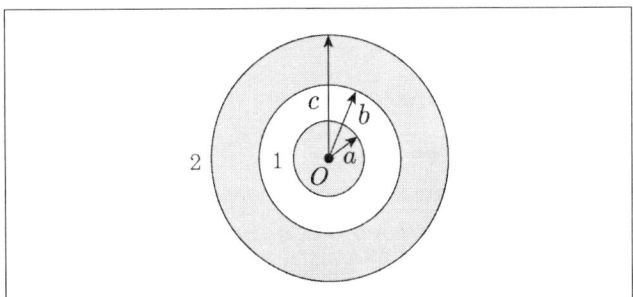

① $\dfrac{1}{4\pi\epsilon} \cdot \dfrac{1}{a}$

② $\dfrac{1}{4\pi\epsilon}\left(\dfrac{1}{a} - \dfrac{1}{b}\right)$

③ $\dfrac{1}{4\pi\epsilon}\left(\dfrac{1}{b} - \dfrac{1}{c}\right)$

④ $\dfrac{1}{4\pi\epsilon}\left(\dfrac{1}{a} - \dfrac{1}{b} + \dfrac{1}{c}\right)$

⑤ $\dfrac{1}{4\pi\epsilon}\left(\dfrac{1}{b} + \dfrac{1}{c}\right)$

76. 전류가 흐르는 도선을 자계 안에 놓으면, 이 도선에 힘이 작용한다. 평등 자계의 진공 중에 놓여 있는 직선 전류 도선이 받는 힘에 대하여 옳은 것은?

① 전류의 세기에 반비례한다.

② 도선의 길이에 비례한다.

③ 자계의 세기에 반비례한다.

④ 전류와 자계의 방향이 이루는 각의 $\tan\theta$에 비례한다.

⑤ 전류와 자계의 방향이 이루는 각의 사인값에 비례한다.

77. 다음 중 변위 전류와 가장 관계가 깊은 것은?

① 반도체   ② 유전체

③ 자성체   ④ 도체

⑤ 초전도체

78. 부하 급변 시 부하각과 부하 속도가 진동하는 난조 현상을 일으키는 원인이 아닌 것은?

① 원동기의 조속기 감도가 너무 예민한 경우

② 자속의 분포가 기울어져 자속의 크기가 감소한 경우

③ 전기자 회로의 저항이 너무 큰 경우

④ 원동기의 토크에 고조파가 포함된 경우

⑤ 회전자 관성이 너무 작은 경우

79. 동기 전동기에서 감자 작용을 할 때는 언제인가?

① 공급 전압보다 앞선 전류가 흐를 때

② 공급 전압보다 뒤진 전류가 흐를 때

③ 공급 전압과 동상 전류가 흐를 때

④ 공급 전압에 상관없이 전류가 흐를 때

⑤ 공급 전압에 상관없이 임의의 전류가 흐를 때

80. 동기 발전기의 병렬 운전 중 여자 전류를 증가시키면 발전기는 어떻게 되는가?

① 전압이 높아진다.

② 출력이 커진다.

③ 역률이 좋아된다.

④ 역률이 나빠된다.

⑤ 무효 전력 공급이 감소한다.

대구교통공사 필기시험 모의고사

직업기초능력평가

	①	②	③	④	⑤
1	①	②	③	④	⑤
2	①	②	③	④	⑤
3	①	②	③	④	⑤
4	①	②	③	④	⑤
5	①	②	③	④	⑤
6	①	②	③	④	⑤
7	①	②	③	④	⑤
8	①	②	③	④	⑤
9	①	②	③	④	⑤
10	①	②	③	④	⑤
11	①	②	③	④	⑤
12	①	②	③	④	⑤
13	①	②	③	④	⑤
14	①	②	③	④	⑤
15	①	②	③	④	⑤
16	①	②	③	④	⑤
17	①	②	③	④	⑤
18	①	②	③	④	⑤
19	①	②	③	④	⑤
20	①	②	③	④	⑤

	①	②	③	④	⑤
21	①	②	③	④	⑤
22	①	②	③	④	⑤
23	①	②	③	④	⑤
24	①	②	③	④	⑤
25	①	②	③	④	⑤
26	①	②	③	④	⑤
27	①	②	③	④	⑤
28	①	②	③	④	⑤
29	①	②	③	④	⑤
30	①	②	③	④	⑤
31	①	②	③	④	⑤
32	①	②	③	④	⑤
33	①	②	③	④	⑤
34	①	②	③	④	⑤
35	①	②	③	④	⑤
36	①	②	③	④	⑤
37	①	②	③	④	⑤
38	①	②	③	④	⑤
39	①	②	③	④	⑤
40	①	②	③	④	⑤

전기일반

	①	②	③	④	⑤
41	①	②	③	④	⑤
42	①	②	③	④	⑤
43	①	②	③	④	⑤
44	①	②	③	④	⑤
45	①	②	③	④	⑤
46	①	②	③	④	⑤
47	①	②	③	④	⑤
48	①	②	③	④	⑤
49	①	②	③	④	⑤
50	①	②	③	④	⑤
51	①	②	③	④	⑤
52	①	②	③	④	⑤
53	①	②	③	④	⑤
54	①	②	③	④	⑤
55	①	②	③	④	⑤
56	①	②	③	④	⑤
57	①	②	③	④	⑤
58	①	②	③	④	⑤
59	①	②	③	④	⑤
60	①	②	③	④	⑤

	①	②	③	④	⑤
61	①	②	③	④	⑤
62	①	②	③	④	⑤
63	①	②	③	④	⑤
64	①	②	③	④	⑤
65	①	②	③	④	⑤
66	①	②	③	④	⑤
67	①	②	③	④	⑤
68	①	②	③	④	⑤
69	①	②	③	④	⑤
70	①	②	③	④	⑤
71	①	②	③	④	⑤
72	①	②	③	④	⑤
73	①	②	③	④	⑤
74	①	②	③	④	⑤
75	①	②	③	④	⑤
76	①	②	③	④	⑤
77	①	②	③	④	⑤
78	①	②	③	④	⑤
79	①	②	③	④	⑤
80	①	②	③	④	⑤

성 명

수험번호

⓪	⓪	⓪	⓪	⓪	⓪	⓪	⓪
①	①	①	①	①	①	①	①
②	②	②	②	②	②	②	②
③	③	③	③	③	③	③	③
④	④	④	④	④	④	④	④
⑤	⑤	⑤	⑤	⑤	⑤	⑤	⑤
⑥	⑥	⑥	⑥	⑥	⑥	⑥	⑥
⑦	⑦	⑦	⑦	⑦	⑦	⑦	⑦
⑧	⑧	⑧	⑧	⑧	⑧	⑧	⑧
⑨	⑨	⑨	⑨	⑨	⑨	⑨	⑨

절 취 선

대구교통공사

전기일반

제3회 모의고사

성명		생년월일	
문제 수(배점)	80문항	풀이시간	/ 80분
영역	직업기초능력평가, 전공과목(전기일반)		
비고	객관식 5지선다형		

※ 유의사항

• 문제지 및 답안지의 해당란에 문제유형, 성명, 응시번호를 정확히 기재하세요.

• 모든 기재 및 표기사항은 "컴퓨터용 흑색 수성 사인펜"만 사용합니다.

• 예비 마킹은 중복 답안으로 판독될 수 있습니다.

>> **직업기초능력평가(40문항)**

1. 밑줄 친 단어 중 우리말의 어문 규정에 따라 맞게 쓴 것은?

① 윗층에 가 보니 전망이 정말 좋다.
② 뒷편에 정말 오래된 감나무가 서 있다.
③ 그 일에 익숙지 못하면 그만 두자.
④ 생각컨대, 그 대답은 옳지 않을 듯하다.
⑤ 윗어른의 말씀은 잘 새겨들어야 한다.

2. 다음 중 띄어쓰기가 옳은 문장은?

① 같은 값이면 좀더 큰것을 달라고 해라.
② 나는 친구가 많기는 하지만 우리 집이 큰지 작은지를 아는 사람은 철수 뿐이다.
③ 진수는 마음 가는 대로 길을 떠났지만 집을 떠난지 열흘이 지나서는 갈 곳마저 없었다.
④ 경진은 애 쓴만큼 돈을 받고 싶었지만 주위에서는 그의 노력을 인정해 주지 않았다.
⑤ 대문밖에서 누군가 서성거리는 모습이 보였다.

3. 외래어 표기가 모두 옳은 것은?

① 뷔페 – 초콜렛 – 컬러
② 컨셉 – 서비스 – 윈도
③ 파이팅 – 악세사리 – 리더십
④ 플래카드 – 로봇 – 캐럴
⑤ 심포지움 – 마이크 – 이어폰

4. 다음 글의 중심 내용으로 가장 적절한 것을 고르시오.

행랑채가 퇴락하여 지탱할 수 없게끔 된 것이 세 칸이었다. 나는 마지못하여 이를 모두 수리하였다. 그런데 그중의 두 칸은 앞서 장마에 비가 샌 지가 오래되었으나, 나는 그것을 알면서도 이럴까 저럴까 망설이다가 손을 대지 못했던 것이고, 나머지 한 칸은 비를 한 번 맞고 샜던 것이라 서둘러 기와를 갈았던 것이다. 이번에 수리하려고 본즉 비가 샌 지 오래된 것은 그 서까래, 추녀, 기둥, 들보가 모두 썩어서 못 쓰게 되었던 까닭으로 수리비가 엄청나게 들었고, 한 번밖에 비를 맞지 않았던 한 칸의 재목들은 완전하여 다시 쓸 수 있었던 까닭으로 그 비용이 많이 들지 않았다.
나는 이에 느낀 것이 있었다. 사람의 몸에 있어서도 마찬가지라는 사실을. 잘못을 알고서도 바로 고치지 않으면 곧 그 자신이 나쁘게 되는 것이 마치 나무가 썩어서 못 쓰게 되는 것과 같으며, 잘못을 알고 고치기를 꺼리지 않으면 해(害)를 받지 않고 다시 착한 사람이 될 수 있으니, 저 집의 재목처럼 말끔하게 다시 쓸 수 있는 것이다. 뿐만 아니라 나라의 정치도 이와 같다. 백성을 좀먹는 무리들을 내버려두었다가는 백성들이 도탄에 빠지고 나라가 위태롭게 된다. 그런 연후에 급히 바로잡으려 하면 이미 썩어 버린 재목처럼 때는 늦은 것이다. 어찌 삼가지 않겠는가.

① 모든 일에 기초를 튼튼히 해야 한다.
② 청렴한 인재 선발을 통해 정치를 개혁해야 한다.
③ 잘못을 알게 되면 바로 고쳐 나가는 자세가 중요하다.
④ 훌륭한 위정자가 되기 위해서는 매사 삼가는 태도를 지녀야 한다.
⑤ 모든 일에는 순서가 있는 법이다.

5. 다음 괄호 안에 알맞은 접속사를 고르시오.

비자발적인 행위는 강제나 무지에서 비롯된 행위이다. (　　　) 자발적인 행위는 그것의 단초가 행위자 자신 안에 있다. 행위자 자신 안에 행위의 단초가 있는 경우에는 행위를 할 것인지 말 것인지가 행위자 자신에게 달려 있다.
욕망이나 분노에서 비롯된 행위들을 모두 비자발적이라고 할 수는 없다. 그것들이 모두 비자발적이라면 인간 아닌 동물 중 어떤 것도 자발적으로 행위를 하는 게 아닐 것이며, 아이들조차 그럴 것이기 때문이다. 우리가 욕망하는 것들 중에는 마땅히 욕망해야 할 것이 있는데, 그러한 욕망에 따른 행위는 비자발적이라고 할 수 없다. 실제로 우리는 어떤 것들에 대해서는 마땅히 화를 내야하며, 건강이나 배움과 같은 것은 마땅히 욕망해야 한다. 따라서 욕망이나 분노에서 비롯된 행위를 모두 비자발적인 것으로 보아서는 안 된다.

① 반면에　　　　　　② 더욱이
③ 그래서　　　　　　④ 그럼에도 불구하고
⑤ 따라서

6. 다음 글을 읽고 독자의 반응으로 적절한 것은?

제15조
① 청약은 상대방에게 도달한 때에 효력이 발생한다.
② 청약은 철회될 수 없는 것이더라도, 철회의 의사표시가 청약의 도달 전 또는 그와 동시에 상대방에게 도달하는 경우에는 철회될 수 있다.
제16조 청약은 계약이 체결되기까지는 철회될 수 있지만, 상대방이 승낙의 통지를 발송하기 전에 철회의 의사표시가 상대방에게 도달되어야 한다. 다만 승낙기간의 지정 또는 그 밖의 방법으로 청약이 철회될 수 없음이 청약에 표시되어 있는 경우에는 청약은 철회될 수 없다.
제17조
① 청약에 대한 동의를 표시하는 상대방의 진술 또는 그 밖의 행위는 승낙이 된다. 침묵이나 부작위는 그 자체만으로 승낙이 되지 않는다.
② 청약에 대한 승낙은 동의의 의사표시가 청약자에게 도달하는 시점에 효력이 발생한다. 청약자가 지정한 기간 내에 동의의 의사표시가 도달하지 않으면 승낙의 효력이 발생하지 않는다.
제18조 계약은 청약에 대한 승낙의 효력이 발생한 시점에 성립된다.
제19조 청약, 승낙, 그 밖의 의사표시는 상대방에게 구두로 통고된 때 또는 그 밖의 방법으로 상대방 본인, 상대방의 영업소나 우편주소에 전달된 때, 상대방이 영업소나 우편 주소를 가지지 아니한 경우에는 그의 상거소(常居所)에 전달된 때에 상대방에게 도달된다.

① 민우 : 계약은 청약에 대한 승낙의 효력이 발생할 때 성립되는구나.
② 정범 : 청약에 대한 부작위는 그 자체만으로 승낙이 될 수 있어.
③ 우수 : 청약자가 지정한 기간 내에 동의의 의사표시가 도달하지 않으면 승낙의 효력은 발생해.
④ 인성 : 청약은 계약이 체결되기까지는 철회될 수 없어.
⑤ 현진 : 청약은 상대방에게 도달하지 않아도 그 자체로 효력이 발생해.

7. 다음 글을 읽고 알 수 있는 내용이 아닌 것은?

농업이 경제에서 차지하는 비중이 절대적이었던 청나라는 백성들로부터 토지세(土地稅)와 인두세(人頭稅)를 징수하였다. 토지세는 토지를 소유한 사람들에게 토지 면적을 기준으로 부과되었는데, 단위 면적당 토지세액은 지방마다 달랐다. 한편 인두세는 모든 성인 남자들에게 부과되었는데, 역시 지방마다 금액에 차이가 있었다. 특히 인두세를 징수하기 위해서 정부는 정기적인 인구조사를 통해서 성인 남자 인구의 변동을 정밀하게 추적해야 했다.

그러다가 1712년 중국의 황제는 태평성대가 계속되고 있음을 기념하기 위해서 전국에서 거두는 인두세의 총액을 고정시키고 앞으로 늘어나는 성인 남자 인구에 대해서는 인두세를 징수하지 않겠다는 법령을 반포하였다. 1712의 법령 반포 이후 지방에서 조세를 징수하는 관료들은 고정된 인두세 총액을 토지세 총액에 병합함으로써 인두세를 토지세에 부가하는 형태로 징수하는 조세 개혁을 추진하기 시작했다. 즉 해당 지방의 인두세 총액을 토지 총면적으로 나누어서 얻은 값을 종래의 단위면적당 토지세액에 더하려 했던 것이다. 그런데 조세 개혁에 대한 반발 정도가 지방마다 달랐고, 반발정도가 클수록 조세 개혁은 더 느리게 진행되었다. 이때 각 지방의 개혁에 대한 반발정도는 단위면적당 토지세액의 증가율에 정비례 하였다.

① 1712년 중국의 황제는 전국에서 거두는 인두세의 총액을 고정시키고 늘어나는 성인 남자 인구에 대해서는 인두세를 징수하지 않겠다는 법령을 반포하였다.

② 조세 개혁에 대한 반발 정도가 지방마다 달랐고, 반발정도가 클수록 조세 개혁은 더 느리게 진행되었다.

③ 인두세는 모든 성인 남자들에게 부과되었는데, 지방마다 금액에 차이가 있었다.

④ 토지세는 토지를 소유한 사람들에게 부과되었는데, 토지세액은 지방마다 달랐다.

⑤ 1712년의 법령 반포 이후 관료들은 고정된 토지세 총액을 인두세 총액에 병합함으로써 토지세를 인두세에 부가하는 형태로 징수하는 조세 개혁을 추진하기 시작했다.

8. 다음 글의 제목으로 가장 적절한 것을 고르시오.

현재 하천수 사용료는 국가 및 지방하천에서 생활·공업·농업·환경개선·발전 등의 목적으로 하천수를 취수할 때 허가를 받고 사용료를 납부하도록 하고 있다. 또한 사용료 징수 주체를 과거에는 국가하천은 국가, 지방하천은 지자체에서 허가하던 것을 2008년부터 하천수 사용의 허가 체계를 국토교통부로 일원화하여 관리하고 있다.

이를 위하여 크게 두 가지, 즉 하천 점용료 및 사용료 징수의 강화 및 현실화와 친수구역개발에 따른 개발이익의 환수와 활용에 대하여 보다 구체적인 실현방안을 추진하여 안정적이고 합리적 물 관리 재원 조성 기반을 확보하여야 한다. 하천시설이나 점용 시설에 대한 국가 관리기능 강화와 이에 의거한 점·사용료 부과·징수 기능을 확대하여야 한다. 그리고 실질적인 편익을 기준으로 하는 점·사용료 부과 등을 추진하는 것이 주효할 것이다. 국가하천정비사업 등을 통하여 조성·정비된 각종 친수시설이나 공간 등에 대한 국가 관리 권한의 확대를 통해 하천 관리의 체계성·계획성을 제고하여 나가야 한다. 다음으로 친수 구역에 대한 개발이익을 환수하여 하천구역 및 친수관리구역의 통합적 관리·이용을 위한 재원으로의 활용을 추진할 필요가 있으며, 하천구역 정비·관리에 의한 편익을 향유하는 하천연접지역에서의 개발 행위에 대해 수익자 부담원칙을 적용할 필요가 있다. 국민생활 밀착 공간, 환경오염 민감 지역, 국토방재 공간이라는 다면적 특성을 지닌 하천연접지역의 체계적이고 계획적인 관리와 이를 위한 재원 마련이 하천관리의 핵심적인 이슈이기 때문이다.

① 하천수 사용자에 대한 이익 환수 강화

② 하천수 사용료 제도의 실효성 확보

③ 국가의 하천 관리 개선 방안 제시

④ 현실적인 하천수 요금체계로의 전환

⑤ 하천수 사용료 제도의 문제점

9. 다음의 사전 정보를 활용하여 제품 A, B, C 중 하나를 사려고 한다. 다음 중 생각할 수 없는 상황은?

- 성능이 좋을수록 가격이 비싸다.
- 성능이 떨어지는 두 종류의 제품 가격의 합은 성능이 가장 좋은 다른 하나의 제품 가격보다 낮다.
- B는 성능이 떨어지는 제품이다.

① A제품이 가장 저렴하다.
② A제품과 B제품의 가격이 같다.
③ A제품과 C제품은 성능이 같다.
④ A제품보다 성능이 좋은 제품도 있다.
⑤ A제품이 가장 비싸다.

10. 다음은 2023 ~ 2025년 A국 10대 수출품목의 수출액에 관한 내용이다. 제시된 표에 대한 〈보기〉의 설명 중 옳은 것만 모두 고른 것은?

〈표 1〉 A국 10대 수출품목의 수출액 비중과 품목별 세계수출 시장 점유율(금액기준)

(단위 : %)

구분 / 연도 / 품목	A국의 전체 수출액에서 차지하는 비중			품목별 세계수출시장에서 A국의 점유율		
	2023	2024	2025	2023	2024	2025
백색가전	13.0	12.0	11.0	2.0	2.5	3.0
TV	14.0	14.0	13.0	10.0	20.0	25.0
반도체	10.0	10.0	15.0	30.0	33.0	34.0
휴대폰	16.0	15.0	13.0	17.0	16.0	13.0
2,000cc 이하 승용차	8.0	7.0	8.0	2.0	2.0	2.3
2,000cc 초과 승용차	6.0	6.0	5.0	0.8	0.7	0.8
자동차용 배터리	3.0	4.0	6.0	5.0	6.0	7.0
선박	5.0	4.0	3.0	1.0	1.0	1.0
항공기	1.0	2.0	3.0	0.1	0.1	0.1
전자부품	7.0	8.0	9.0	2.0	1.8	1.7
계	83.0	82.0	86.0	–	–	–

※ A국의 전체 수출액은 매년 변동 없음

〈표 2〉 A국 백색가전의 세부 품목별 수출액 비중

(단위 : %)

연도 / 세부품목	2023	2024	2025
일반세탁기	13.0	10.0	8.0
드럼세탁기	18.0	18.0	18.0
일반냉장고	17.0	12.0	11.0
양문형 냉장고	22.0	26.0	28.0
에어컨	23.0	25.0	26.0
공기청정기	7.0	9.0	9.0
계	100.0	100.0	100.0

㉠ 2023년과 2025년 선박이 세계수출시장 규모는 같다.
㉡ 2024년과 2025년 A국의 전체 수출액에서 드럼세탁기가 차지하는 비중은 전년대비 매년 감소한다.
㉢ 2024년과 2025년 A국의 10대 수출품목 모두 품목별 세계수출시장에서 A국의 점유율은 전년대비 매년 증가한다.
㉣ 2025년 항공기 세계수출시장 규모는 A국 전체 수출액의 15배 이상이다.

① ㉠, ㉡   ② ㉠, ㉢
③ ㉡, ㉢   ④ ㉡, ㉣
⑤ ㉡, ㉢, ㉣

11. 다음 글을 근거로 판단할 때, 재산등록 의무자(A ~ E)의 재산등록 대상으로 옳은 것은?

> 재산등록 및 공개 제도는 재산등록 의무자가 본인, 배우자 및 직계존·비속의 재산을 주기적으로 등록·공개하도록 하는 제도이다. 이 제도는 재산등록 의무자의 재산 및 변동사항을 국민에게 투명하게 공개함으로써 부정이 개입될 소지를 사전에 차단하여 공직 사회의 윤리성을 높이기 위해 도입되었다.
> • 재산등록 의무자 : 대통령, 국무총리, 국무위원, 지방자치단체장 등 국가 및 지방자치단체의 정무직 공무원, 4급 이상의 일반직·지방직 공무원 및 이에 상당하는 보수를 받는 별정직 공무원, 대통령령으로 정하는 외무공무원 등
> • 등록대상 친족의 범위 : 본인, 배우자, 본인의 직계존·비속. 다만, 혼인한 직계비속인 여성, 외증조부모, 외조부모 및 외손자녀, 외증손자녀는 제외한다.
> • 등록대상 재산 : 부동산에 관한 소유권·지상권 및 전세권, 자동차·건설기계·선박 및 항공기, 합명회사·합자회사 및 유한회사의 출자 지분, 소유자별 합계액 1천만 원 이상의 현금·예금·증권·채권·채무, 품목당 5백만 원 이상의 보석류, 소유자별 연간 1천만 원 이상의 소득이 있는 지식재산권

※ 직계존속 : 부모, 조부모, 증조부모 등 조상으로부터 자기에 이르기까지 직계로 하여 내려온 혈족
※ 직계비속 : 자녀, 손자, 증손 등 자기로부터 아래로 직계로 이어 내려가는 혈족

① 시청에 근무하는 4급 공무원 A의 동생이 소유한 아파트
② 시장 B의 결혼한 딸이 소유한 1,500만 원의 정기예금
③ 도지사 C의 아버지가 소유한 연간 600만 원의 소득이 있는 지식재산권
④ 정부부처 4급 공무원 상당의 보수를 받는 별정직 공무원 D의 아들이 소유한 승용차
⑤ 정부부처 4급 공무원 E의 이혼한 전처가 소유한 1,000만 원 상당의 다이아몬드

12. 다음 글을 근거로 판단할 때 옳은 것은?

> ○○리그는 10개의 경기장에서 진행되는데, 각 경기장은 서로 다른 도시에 있다. 또 이 10개 도시 중 5개는 대도시이고 5개는 중소도시이다. 매일 5개 경기장에서 각각 한 경기가 열리면 한 시즌 당 각 경기장에서 열리는 경기의 횟수는 10개 경기장 모두 동일하다.
> 대도시의 경기장은 최대수용인원이 3만 명이고, 중소도시의 경기장은 최대수용인원이 2만 명이다. 대도시 경기장의 경우는 매 경기 60%의 좌석 점유율을 나타내고 있는 반면 중소도시 경기장의 경우는 매 경기 70%의 좌석 점유율을 보이고 있다. 특정 경기장의 관중수는 그 경기장의 좌석 점유율에 최대수용인원을 곱하여 구한다.

① ○○리그의 1일 최대 관중수는 16만 명이다.
② 중소도시 경기장의 좌석 점유율이 10%p 높아진다면 대도시 경기장 한 곳의 관중수보다 중소도시 경기장 한 곳의 관중수가 더 많아진다.
③ 내년 시즌부터 4개의 대도시와 6개의 중소도시에서 경기가 열린다면 ○○리그의 한 시즌 전체 누적 관중수는 올 시즌 대비 2.5% 줄어든다.
④ 대도시 경기장의 좌석 점유율이 중소도시 경기장과 같고 최대수용인원은 그대로라면, ○○리그의 1일 평균 관중수는 11만 명을 초과하게 된다.
⑤ 중소도시 경기장의 최대수용인원이 대도시 경기장과 같고 좌석 점유율은 그대로라면, ○○리그의 1일 평균 관중수는 11만 명을 초과하게 된다.

13. 다음 연차수당 지급규정과 연차사용 내역을 참고로 할 때, 현재 지급받을 수 있는 연차수당의 금액이 같은 두 사람은 누구인가? (단, 일 통상임금=월 급여 ÷ 200시간 × 8시간, 만 원 미만 버림 처리한다)

제60조(연차 유급휴가)
① 사용자는 1년간 80퍼센트 이상 출근한 근로자에게 15일의 유급휴가를 주어야 한다.
② 사용자는 계속하여 근로한 기간이 1년 미만인 근로자 또는 1년간 80퍼센트 미만 출근한 근로자에게 1개월 개근 시 1일의 유급휴가를 주어야 한다.
③ 사용자는 근로자의 최초 1년간의 근로에 대하여 유급휴가를 주는 경우에는 제2항에 따른 휴가를 포함하여 15일로 하고, 근로자가 제2항에 따른 휴가를 이미 사용한 경우에는 그 사용한 휴가 일수를 15일에서 뺀다.
④ 사용자는 3년 이상 계속하여 근로한 근로자에게는 제1항에 따른 휴가에 최초 1년을 초과하는 계속 근로 연수 매 2년에 대하여 1일을 가산한 유급휴가를 주어야 한다. 이 경우 가산휴가를 포함한 총 휴가 일수는 25일을 한도로 한다.
⑤ 사용자는 제1항부터 제4항까지의 규정에 따른 휴가를 근로자가 청구한 시기에 주어야 하고, 그 기간에 대하여는 취업규칙 등에서 정하는 통상임금 또는 평균임금을 지급하여야 한다. 다만, 근로자가 청구한 시기에 휴가를 주는 것이 사업 운영에 막대한 지장이 있는 경우에는 그 시기를 변경할 수 있다.
⑥ 제1항부터 제3항까지의 규정을 적용하는 경우 다음 각 호의 어느 하나에 해당하는 기간은 출근한 것으로 본다.
   1. 근로자가 업무상의 부상 또는 질병으로 휴업한 기간
   2. 임신 중의 여성이 제74조제1항부터 제3항까지의 규정에 따른 휴가로 휴업한 기간
⑦ 제1항부터 제4항까지의 규정에 따른 휴가는 1년간 행사하지 아니하면 소멸된다. 다만, 사용자의 귀책사유로 사용하지 못한 경우에는 그러하지 아니하다.

직원	근속년수	월 급여(만 원)	연차사용일수
김 부장	23년	500	19일
정 차장	14년	420	7일
곽 과장	7년	350	14일
남 대리	3년	300	5일
임 사원	2년	270	3일

① 김 부장, 임 사원
② 정 차장, 곽 과장
③ 곽 과장, 남 대리
④ 김 부장, 남 대리
⑤ 정 차장, 남 대리

14. 다음에 제시된 명제들이 모두 참일 경우, 이 조건들에 따라 내릴 수 있는 결론으로 적절한 것은?

a. 인사팀을 좋아하지 않는 사람은 생산팀을 좋아한다.
b. 기술팀을 좋아하지 않는 사람은 홍보팀을 좋아하지 않는다.
c. 인사팀을 좋아하는 사람은 비서실을 좋아하지 않는다.
d. 비서실을 좋아하지 않는 사람은 홍보팀을 좋아한다.

① 홍보팀을 싫어하는 사람은 인사팀을 좋아한다.
② 비서실을 싫어하는 사람은 생산팀도 싫어한다.
③ 기술팀을 싫어하는 사람은 생산팀도 싫어한다.
④ 생산팀을 좋아하는 사람은 기술팀을 싫어한다.
⑤ 생산팀을 좋아하지 않는 사람은 기술팀을 좋아한다.

15. A, B, C, D, E 다섯 명의 기사가 점심 식사 후 철로 보수 작업을 하러 가야 한다. 다음의 조건을 모두 만족할 경우, 항상 거짓인 것은?

• B는 C보다 먼저 작업을 하러 나갔다.
• A와 B 두 사람이 동시에 가장 먼저 작업을 하러 나갔다.
• E보다 늦게 작업을 하러 나간 사람이 있다.
• D와 동시에 작업을 하러 나간 사람은 없었다.

① E는 D보다 먼저 작업을 하러 나가게 되었다.
② C와 D 중, C가 먼저 작업을 하러 나가게 되었다.
③ B가 D보다 늦게 작업을 하러 나가게 되는 경우는 없다.
④ A는 C나 D보다 먼저 작업을 하러 나가게 되었다.
⑤ E가 C보다 먼저 작업을 하러 나가게 되는 경우는 없다.

16. M사의 총무팀에서는 A 부장, B 차장, C 과장, D 대리, E 대리, F 사원이 각각 매 주말마다 한 명씩 사회봉사활동에 참여하기로 하였다. 이들이 다음에 따라 사회봉사활동에 참여할 경우, 두 번째 주말에 참여할 수 있는 사람으로 짝지어진 것은?

1. B 차장은 A 부장보다 먼저 봉사활동에 참여한다.
2. C 과장은 D 대리보다 먼저 봉사활동에 참여한다.
3. B 차장은 첫 번째 주 또는 세 번째 주에 봉사활동에 참여한다.
4. E 대리는 C 과장보다 먼저 봉사활동에 참여하며, E 대리와 C 과장이 참여하는 주말 사이에는 두 번의 주말이 있다.

① A 부장, B 차장
② D 대리, E 대리
③ E 대리, F 사원
④ B 차장, C 과장, D 대리
⑤ E 대리

17. 다음의 내용은 놀이시설 서비스 기업에서 서비스 향상을 통한 고객만족이라는 결과를 도출해내기 위해 5개 서비스 팀의 팀장들이 모여 모니터링을 하며 분석하고 있다. 이 중 해당 사례에서 다루고 있는 고객에 대한 내용을 정확하게 분석하고 있는 팀장은 누구인가?

〈사례〉

놀이시설을 이용함에 있어 아이들의 신장제한에 대해 단체로 부모와 동반해서 방문하는 아이들이 다른 친구들은 다 놀이시설 이용을 하는데, 내 자녀의 경우에만 키가 작은 관계로 놀이시설을 활용하지 못하게 될 시에 이런 아이들의 신장제한 및 이용권 등에 대한 환불을 요청하게 되는 경우가 많다. 특히 자신의 자녀가 신장이 미달되어 즐겁게 놀이시설을 이용하지 못하게 되는 경우에 해당 부모와 자녀는 깊은 상실감에 빠지며 자녀의 경우에는 스스로의 작은 신장에 대해 억울해하며 다른 자녀들이 즐겁게 즐기는 놀이시설을 내 자녀만 이용하지 못한다는 생각에 그에 대한 화풀이로서 사소한 이유를 갖다 붙이면서 컴플레인을 제기한다. 그런 경우 일선의 직원들은 해당 부모의 마음을 이해하고 이에 대한 공감을 나타내며 상실감에 빠진 부모 및 아이들의 기분을 풀어주고 조언을 한다. 이러한 경우의 고객은 고객 자신의 말을 끝까지 경청하게 되면 어느 정도의 화를 누르게 되며 이성적으로 돌아와서 오히려 해당 컴플레인은 빨리 종료할 수 있게 된다. 하지만 주의할 점은 고객의 말을 가로막거나 회사의 규정을 운운하게 되면 오히려 고객의 화를 부추기며 동시에 회사의 이미지도 실추할 우려가 생기게 되는 것이다.

① 유리 : 스스로가 주어진 상황에 대한 의사결정을 하지 못하고 누군가가 해결해 주기만을 바라며 주변만 빙빙 돌면서 요점을 명확하게 말하지 않는 고객이지

② 연철 : 이런 고객들은 대체로 상대에 대해 무조건적으로 비꼬거나 빈정거림으로 인해 허영심이 강하고 꼬투리만을 잡아 작은 문제에 집착하는 고객이지

③ 선아 : 상당히 사교적인 고객이며, 타인이 자신을 좋아해주기를 바라는 욕구가 마음 깊이 내재화된 고객이라 할 수 있어.

④ 지혜 : 이런 고객의 경우에 자신의 방법만이 최선이라 생각하고 타인의 피드백은 받아들이려 하지 않으며 오히려 자신의 주장만을 관철시키기 위해 거만하며 도발적인 상황을 만드는 고객이지

⑤ 원모 : 이것저것 무조건적으로 캐묻고 고개를 갸우뚱거리는 의심이 많은 고객으로 애써서 해당 고객에게 비위를 맞추어주지 않아도 되는 고객이라 할 수 있어

18. 다음의 2가지 상황을 보고 유추 가능한 내용으로 보기 가장 어려운 것을 고르면?

(상황1)
회계팀 신입사원인 현진이는 맞선임인 수정에게 회계의 기초를 교육 및 훈련받고 있는 상황이다. 이렇듯 현진이의 입장에서는 인내심 있고 성의 있는 선임을 만나는 것이 신입사원인 현진이에게는 중요한 포인트가 된다.
수정 : 여기다 넣어야지. 더하고 더해서 여기에 넣는 거지. 그래, 안 그래?

(상황2)
회사에서 선후배관계인 성수와 지현이는 내기바둑을 두고 있다. 선임인 성수와 후임인 지현이는 1시간째 승부를 가리지 못하는 있었는데, 마침 바둑을 두다 중간중간 졸고 있는 후임인 지현이에게 성수가 말을 하는 상황이다.
성수 : 게으름, 나태, 권태, 짜증, 우울, 분노 모두 체력이 버티지 못해 정신이 몸의 지배를 받아 나타나는 증상이야
지현 : …
성수 : 네가 후반에 종종 무너지는 이유, 데미지를 입은 후 회복이 더딘 이유, 실수한 후 복구기가 더딘 이유는 모두 체력의 한계 때문이야
지현 : …
성수 : 체력이 약하면 빨리 편안함을 찾기 마련이고, 그러다 보면 인내심이 떨어지고 그 피로감을 견디지 못하게 되면 승부 따위는 상관없는 지경에 이르지
지현 : 아, 그렇군요
성수 : 이기고 싶다면 충분한 고민을 버텨줄 몸을 먼저 만들어. 네가 이루고 싶은 게 있거든 체력을 먼저 길러라
지현 : 네 선배님 감사합니다.

① 부하직원의 능력을 향상시키는 것을 책임지는 교육이어야 한다는 생각으로부터 출발한 방식이다.
② 작업현장에서 상사가 부하 직원에게 업무 상 필요로 하는 능력 등을 중점적으로 지도 및 육성한다.
③ 조직의 필요에 합치되는 교육이 가능하다.
④ 직무 중에 이루어지는 교육훈련을 말하는 것으로 구성원들은 구체적 업무목표의 달성이 가능하다.
⑤ 지도자 및 교육자 사이의 친밀감을 형성하기에 용이하지 않다.

19. 다음 두 사례를 읽고 하나가 가지고 있는 임파워먼트의 장애요인으로 옳은 것은?

〈사례1〉
○○그룹에 다니는 민대리는 이번에 새로 입사한 신입직원 하나에게 최근 3년 동안의 매출 실적을 정리해서 올려달라고 부탁하였다. 더불어 기존 거래처에 대한 DB를 새로 업데이트하고 회계팀으로부터 전달받은 통계자료를 토대로 새로운 마케팅 보고서를 작성하라고 지시하였다. 하지만 하나는 일에 대한 열의는 전혀 없이 그저 맹목적으로 지시받은 업무만 수행하였다. 민대리는 그녀가 왜 업무에 열의를 보이지 않는지, 새로운 마케팅 사업에 대한 아이디어를 내놓지 못하는지 의아해 했다.

〈사례2〉
□□기업에 다니는 박대리는 이번에 새로 입사한 신입직원 희진에게 최근 3년 동안의 매출 실적을 정리해서 올려달라고 부탁하였다. 더불어 기존 거래처에 대한 DB를 새로 업데이트하고 회계팀으로부터 전달받은 통계자료를 토대로 새로운 마케팅 보고서를 작성하라고 지시하였다. 희진은 지시받은 업무를 확실하게 수행했지만 일에 대한 열의는 전혀 없었다. 이에 박대리는 그녀와 함께 실적자료와 통계자료들을 살피며 앞으로의 판매 향상에 도움이 될 만한 새로운 아이디어를 생각하여 마케팅 계획을 세우도록 조언하였다. 그제야 희진은 자신에게 주어진 프로젝트에 대해 막중한 책임감을 느끼고 자신의 판단에 따라 효과적인 해결책을 만들었다.

① 책임감 부족
② 갈등처리 능력 부족
③ 경험 부족
④ 제한된 정책과 절차
⑤ 집중력 부족

20. 고객서비스 팀의 과장인 A는 아침부터 제품에 대한 문의를 해오는 여러 유형의 고객들에게 전화로 설명하고 있다. 하지만 모든 고객이 동일하지는 않다는 것을 전화업무를 통해 항상 느끼는 A는 그 동안의 전화업무를 통해 고객의 유형 및 이에 대한 특징을 구체화시키게 되었다. 다음 중 A가 파악한 고객의 유형 및 그 특징의 연결로 가장 바르지 않은 것을 고르면?

① 전문가형 고객 – 자신을 과시하는 스타일의 고객으로 자신이 모든 것을 다 알고 있는 전문가처럼 행동하는 경향이 짙다.

② 호의적인 고객 – 사교적, 협조적이고 합리적이면서 진지한 반면에 자신이 하고 싶지 않거나 할 수 없는 일에도 약속을 해서 상대방을 실망시키는 경우도 있다.

③ 저돌적인 고객 – 상황을 처리하는데 있어 단지 자신이 생각한 한 가지 방법 밖에 없다고 믿도록 타인으로부터의 피드백을 받아들이려 하지 않는 경향이 강하다.

④ 우유부단한 고객 – 타인이 자신을 위해 의사결정을 내려주기를 기다리는 경향이 있다.

⑤ 빈정거리는 고객 – 자아가 강하면서 끈질긴 성격을 가진 사람이다.

21. 다음 대인매력 요인의 연결이 바르지 않은 항목을 고르면?

① 매력성 – 매력적인 사람들을 더 좋아하는 경향이 있는 것

② 상호성 – 사람들은 자신을 좋아하는 사람에게 호감을 가지게 되고 서로 호의적인 감정이 이루어지는 것

③ 근접성 – 지리적 또는 공간적으로 가까운 사람에게 매력을 느끼는 것을 말하는 것

④ 친숙성 – 자주 접할수록 좋아지게 되는 경향이 있는 것

⑤ 상보성 – 자기 자신을 좋아하는 사람에게 호혜적으로 매력을 느끼는 경향이 있는 것

22. 대인관계능력을 구성하는 하위능력 중 현재 동신과 명섭의 팀에게 가장 필요한 능력은 무엇인가?

올해 E그룹에 입사하여 같은 팀에서 근무하게 된 동신과 명섭은 다른 팀에 있는 입사동기들과 외딴 섬으로 신입사원 워크숍을 가게 되었다. 그 곳에서 각 팀별로 1박 2일 동안 스스로 의·식·주를 해결하며 주어진 과제를 수행하는 임무가 주어졌는데 동신은 부지런히 섬 이 곳 저 곳을 다니며 먹을 것을 구해오고 숙박할 장소를 마련하는 등 솔선수범 하였지만 명섭은 단지 섬을 돌아다니며 경치 구경만 하고 사진 찍기에 여념이 없었다. 그리고 과제수행에 있어서도 동신은 적극적으로 임한 반면 명섭은 소극적인 자세를 취해 그 결과 동신과 명섭의 팀만 과제를 수행하지 못했고 결국 인사상의 불이익을 당하게 되었다.

① 리더십능력　　　　② 팀워크능력

③ 협상능력　　　　　④ 고객서비스능력

⑤ 소통능력

23. 다음 대화를 보고 이 과장의 말이 협상의 5단계 중 어느 단계에 해당하는지 고르면?

김 실장 : 이 과장, 출장 다녀오느라 고생했네.

이 과장 : 아닙니다. KTX 덕분에 금방 다녀왔습니다.

김 실장 : 그래, 다행이군. 오늘 협상은 잘 진행되었나?

이 과장 : 그게 말입니다. 실장님. 오늘 협상을 진행하다가 새로운 사실을 알게 되었습니다. 민원인측이 지금껏 주장했던 고가차도 건립계획 철회는 표면적 요구사항이었던 것 같습니다. 오늘 장시간 상대방 측 대표들과 이야기를 나누면서 고가차고 건립자체보다 그로 인한 초등학교 예정부지의 이전, 공사 및 도로 소음 발생, 그리고 녹지 감소가 실질적 불만이라는 걸 알게 되었습니다. 고가차도 건립을 계획대로 추진하면서 초등학교의 건립 예정지를 현행 유지하고, 3중 방음시설 설치, 아파트 주변 녹지 조성 계획을 제시하면 충분히 협상을 진척시킬 수 있을 것 같습니다.

① 협상시작단계　　　② 상호이해단계

③ 실질이해단계　　　④ 해결대안단계

⑤ 합의문서단계

24. 다음은 고객 불만 처리 프로세스이다. 빈칸에 들어갈 내용을 순서대로 나열한 것은?

경청 → 감사와 공감표시 → (   ) → 해결약속 → (   ) → 신속처리 → 처리확인과 사과 → (   )

① 정보파악, 사과, 피드백

② 정보파악, 피드백, 사과

③ 사과, 정보파악, 피드백

④ 사과, 피드백, 정보파악

⑤ 사과, 조사, 계획

▌25-27▐ 다음에 나열된 숫자의 규칙을 찾아 빈칸에 들어가기 적절한 수를 고르시오.

25.

$\dfrac{1}{2}$	$\dfrac{1}{3}$	$\dfrac{2}{6}$	$\dfrac{3}{18}$	( )	$\dfrac{8}{1944}$	$\dfrac{13}{209952}$

① $\dfrac{8}{83}$

② $\dfrac{6}{91}$

③ $\dfrac{5}{108}$

④ $\dfrac{4}{117}$

⑤ $\dfrac{9}{251}$

26.

93	96	102	104	108	( )

① 114

② 116

③ 118

④ 120

⑤ 122

27.

27	43	106		12	35	74		51	91	34
	60	81	24		22	12	( )			

① 34

② 38

③ 43

④ 48

⑤ 53

28. 지난 주 S사의 신입사원 채용이 완료되었다. 신입사원 120명이 새롭게 채용되었고, 지원자의 남녀 성비는 5:4, 합격자의 남녀 성비는 7:5, 불합격자의 남녀 성비는 1:1이었다. 신입사원 채용 지원자의 총 수는 몇 명인가?

① 175명

② 180명

③ 185명

④ 190명

⑤ 195명

29. 다음 자료를 통해 알 수 있는 사항을 올바르게 설명하지 못한 것은 어느 것인가?

〈기업규모별 매출, 영업이익〉

(단위 : 조 원)

〈기업 및 종사자 현황〉

(단위 : 개, 만 명)

	대기업	중견기업	중소기업
기업 수	2,191(0.3%)	3,969(0.6%)	660,003(99.1%)
종사자 수	204.7(20.4%)	125.2(12.5%)	675.3(67.1%)

① 1개 기업당 매출액과 영업이익 실적은 대기업에 속한 기업이 가장 우수하다.
② 기업군 전체의 매출액 대비 영업이익은 대기업, 중견기업, 중소기업 순으로 높다.
③ 1개 기업 당 종사자 수는 대기업이 중견기업의 3배에 육박한다.
④ 전체 기업 수의 약 1%에 해당하는 기업이 전체 영업이익의 70% 이상을 차지한다고 할 수 있다.
⑤ 전체 기업 수의 약 99%에 해당하는 기업이 전체 매출액의 40% 이상을 차지한다고 할 수 있다.

30. 표준 업무시간이 80시간인 업무를 각 부서에 할당해 본 결과, 다음과 같은 표를 얻었다. 어느 부서의 업무효율이 가장 높은가?

부서명	투입인원(명)	개인별 업무시간(시간)	회의	
			횟수(회)	소요시간 (시간/회)
A	2	41	3	1
B	3	30	2	2
C	4	22	1	4
D	3	27	2	1

※ 1) 업무효율 $= \dfrac{\text{표준 업무시간}}{\text{총 투입시간}}$

2) 총 투입시간은 개인별 투입시간의 합임.
   개인별 투입시간 = 개인별 업무시간 + 회의 소요시간

3) 부서원은 업무를 분담하여 동시에 수행할 수 있음.

4) 투입된 인원의 업무능력과 인원당 소요시간이 동일하다고 가정함.

① A
② B
③ C
④ D
⑤ 모두 같음

【31~32】 다음 표는 법령에 근거한 신고자 보상금 지급기준과 신고자별 보상대상가액 사례이다. 물음에 답하시오.

〈표 1〉 신고자 보상금 지급기준

보상대상가액	지급기준
1억 원 이하	보상대상가액의 10 %
1억 원 초과 5억 원 이하	1천만 원 + 1억 원 초과금액의 7 %
5억 원 초과 20억 원 이하	3천8백만 원 + 5억 원 초과금액의 5 %
20억 원 초과 40억 원 이하	1억1천3백만 원 + 20억 원 초과금액의 3 %
40억 원 초과	1억7천3백만 원 + 40억 원 초과금액의 2 %

※ 보상금 지급은 보상대상가액의 총액을 기준으로 함
※ 공직자가 자기 직무와 관련하여 신고한 경우에는 보상금의 100분의 50 범위 안에서 감액할 수 있음

〈표 2〉 신고자별 보상대상가액 사례

신고자	공직자 여부	보상대상가액
A	예	8억 원
B	예	21억 원
C	예	4억 원
D	아니요	6억 원
E	아니요	2억 원

31. 다음 설명 중 옳은 것을 모두 고르면?

ㄱ A가 받을 수 있는 최대보상금액은 E가 받을 수 있는 최대보상금액의 3배 이상이다.
ㄴ B가 받을 수 있는 최대보상금액과 최소보상금액의 차이는 6,000만 원 이상이다.
ㄷ C가 받을 수 있는 보상금액이 5명의 신고자 가운데 가장 적을 수 있다.
ㄹ B가 받을 수 있는 최대보상금액은 다른 4명의 신고자가 받을 수 있는 최소보상금액의 합계보다 적다.

① ㄱ, ㄴ   ② ㄱ, ㄷ
③ ㄱ, ㄹ   ④ ㄴ, ㄷ
⑤ ㄴ, ㄹ

32. 올해부터 공직자 감면액을 30%로 인하한다고 할 때 B의 최소보상금액은 기존과 비교하여 얼마나 증가하는가?

① 2,218만 원   ② 2,220만 원
③ 2,320만 원   ④ 2,325만 원
⑤ 2,400만 원

33. 엑셀 사용 시 발견할 수 있는 다음과 같은 오류 메시지 중 설명이 올바르지 않은 것은 어느 것인가?

① #DIV/0! – 수식에서 어떤 값을 0으로 나누었을 때 표시되는 오류 메시지
② #N/A – 함수나 수식에 사용할 수 없는 데이터를 사용했을 경우 발생하는 오류 메시지
③ #NULL! – 잘못된 인수나 피연산자를 사용했을 경우 발생하는 오류 메시지
④ #NUM! – 수식이나 함수에 잘못된 숫자 값이 포함되어 있을 경우 발생하는 오류 메시지
⑤ #REF! – 셀 참조가 유효하지 않을 경우 발생하는 오류 메시지

34. 다음 그림에서 A6 셀에 수식 '=$A$1+$A2'를 입력한 후 다시 A6 셀을 복사하여 C6와 C8에 각각 붙여넣기를 하였을 경우, (A)와 (B)에 나타나게 되는 숫자의 합은 얼마인가?

	A	B	C	D
1	7	2	8	
2	3	3	8	
3	1	5	7	
4	2	5	2	
5				
6			(A)	
7				
8			(B)	
9				

① 10 ② 12
③ 14 ④ 16
⑤ 19

35. 다음 설명에 해당하는 엑셀 기능은?

입력한 데이터 정보를 기반으로 하여 데이터를 미니 그래프 형태의 시각적 표시로 나타내 주는 기능

① 클립아트 ② 스파크라인
③ 하이퍼링크 ④ 워드아트
⑤ 필터

36. 다음 중 아래 시트에서 야근일수를 구하기 위해 [B9] 셀에 입력할 함수로 옳은 것은?

	A	B	C	D	E
1	4월 야근 현황				
2	날짜	도준영	전아롱	이진주	강석현
3	4월15일		V		V
4	4월16일	V		V	
5	4월17일	V	V	V	
6	4월18일		V	V	V
7	4월19일	V		V	
8	4월20일	V			
9	야근일수				
10					

① =COUNTBLANK(B3:B8)
② =COUNT(B3:B8)
③ =COUNTA(B3:B8)
④ =SUM(B3:B8)
⑤ =SUMIF(B3:B8)

37. 다음 중 아래 워크시트에서 참고표를 참고하여 55,000원에 해당하는 할인율을 [C6]셀에 구하고자 할 때의 적절한 함수식은?

	A	B	C	D	E	F
1		<참고표>				
2		금액	30,000	50,000	80,000	150,000
3		할인율	3%	7%	10%	15%
4						
5		금액	55,000			
6		할인율	7%			
7						

① =LOOKUP(C5,C2:F2,C3:F3)
② =HLOOKUP(C5,B2:F3,1)
③ =VLOOKUP(C5,C2:F3,1)
④ =VLOOKUP(C5,B2:F3,2)
⑤ =LOOKUP(C5,C2:F3,2)

38. 다음의 알고리즘에서 인쇄되는 A는?

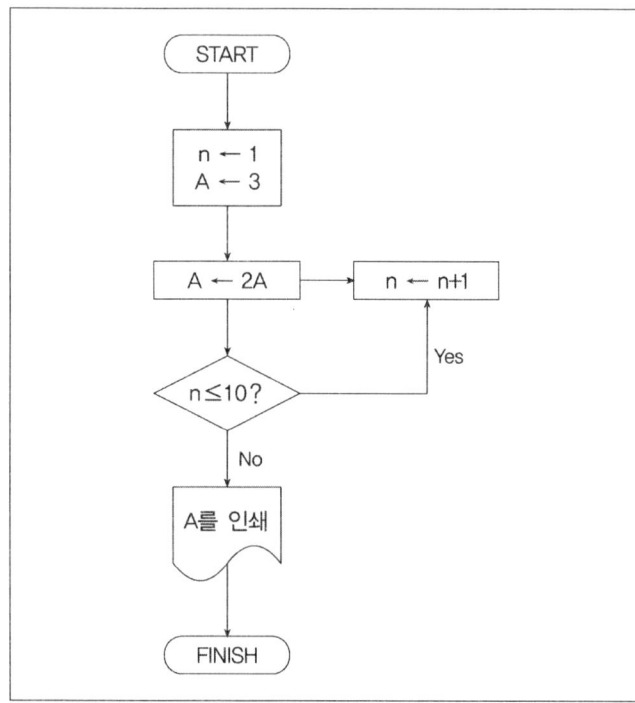

① $2^8 \cdot 3$ ② $2^9 \cdot 3$

③ $2^{10} \cdot 3$ ④ $2^{11} \cdot 3$

⑤ $2^{12} \cdot 3$

39. 다음 워크시트에서 [A2] 셀 값을 소수점 첫째자리에서 반올림하여 [B2] 셀에 나타내도록 하고자 한다. [B2] 셀에 알맞은 함수식은?

⬚	A	B
1	숫자	반올림한 값
2	987.9	
3	247.6	
4	864.4	
5	69.3	
6	149.5	
7	75.9	

① ROUND(A2, −1)

② ROUND(A2, 0)

③ ROUNDDOWN(A2, 0)

④ ROUNDUP(A2, −1)

⑤ ROUND(A3, 0)

40. 다음 워크시트는 학생들의 수리영역 성적을 토대로 순위를 매긴 것이다. 다음 중 [C2] 셀의 수식으로 옳은 것은?

⬚	A	B	C
1		수리영역	순위
2	이순자	80	3
3	이준영	95	2
4	정소이	50	7
5	금나라	65	6
6	윤민준	70	5
7	도성민	75	4
8	최지애	100	1

① =RANK(B2, $B$2:$B$8)

② =RANK(B2, $B$2:$B$8, 1)

③ =RANK(C2, $B$2:$B$8)

④ =RANK(C2, $B$2:$B$8, 0)

⑤ =RANK(C2, $B$2:$B$8, 1)

41. 자기 회로에 대한 설명으로 옳지 않은 것은?

① 전기 회로의 정전용량에 해당되는 것은 없다.

② 자기 저항에는 전기 저항의 줄손실에 해당되는 손실이 있다.

③ 기자력과 자속은 변화가 비직선성을 갖고 있다.

④ 누설 자속은 전기 회로의 누설 전류에 비하여 대체로 많다.

⑤ 자기 회로의 자기 저항이 클수록 자속의 흐름이 어렵다.

42. 전선의 체적을 동일하게 유지하면서 2배의 길이로 늘렸을 때 저항은 어떻게 되는가?

① $\frac{1}{2}$로 줄어든다.

② 동일하다.

③ 2배로 증가한다.

④ 4배로 증가한다.

⑤ 2배로 줄어든다.

43. 3상 동기 발전기의 전기자 반작용을 설명한 것으로 옳은 것은?

① 공급 전압보다 앞선 전류는 감자 작용을 한다.

② 공급 전압보다 뒤진 전류는 감자 작용을 한다.

③ 공급 전압보다 앞선 전류는 교차 자화 작용을 한다.

④ 공급 전압보다 뒤진 전류는 교차 자화 작용을 한다.

⑤ 공급 전압보다 뒤진 전류는 증자 작용을 한다.

44. 다음 ( ) 안에 들어갈 말로 바르게 연결된 것은?

직류 전동기의 회전 속도가 위험한 상태가 되지 않으려면 직권 전동기는 (㉠) 상태로, 분권 전동기는 (㉡) 상태가 되지 않도록 하여야 한다.

① ㉠ 경부하, ㉡ 무여자

② ㉠ 무여자, ㉡ 무부하

③ ㉠ 무여자, ㉡ 경부하

④ ㉠ 무부하, ㉡ 경부하

⑤ ㉠ 무부하, ㉡ 무여자

45. 변압기 결선 방식 중 3상에서 6상으로 변환할 수 없는 것은?

① 환상 결선

② 2중 3각 결선

③ 포크 결선

④ 우드브리지 결선

⑤ 2중 성형 결선

46. $v_1 = 20\sqrt{2}\sin\omega t\,[V]$, $v_2 = 50\sqrt{2}\cos\left(\omega t - \frac{\pi}{6}\right)[V]$일 때, $v_1 + v_2$의 실효값[V]은?

① $\sqrt{1,400}$

② $\sqrt{2,400}$

③ $\sqrt{2,900}$

④ $\sqrt{3,900}$

⑤ $\sqrt{3,400}$

47. 다음과 같은 전기회로의 입력을 e_i, 출력을 e_o라고 할 때 전달함수는? $\left(\text{단, } T = \dfrac{L}{R} \text{이다.}\right)$

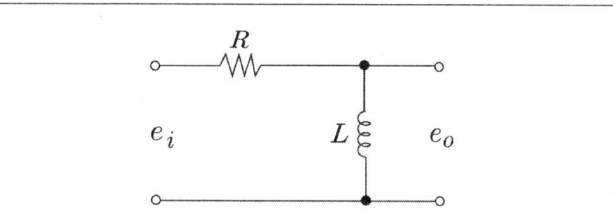

① $Ts + 1$

② $Ts^2 + 1$

③ $\dfrac{1}{Ts + 1}$

④ $\dfrac{Ts}{Ts + 1}$

⑤ $\dfrac{Ts^2}{Ts + 1}$

48. 1차 지연요소의 전달함수는?

① K

② $\dfrac{K}{s}$

③ Ks

④ $\dfrac{K}{1 + Ts}$

⑤ $\dfrac{Ks}{1 + Ts}$

49. 3상 평형 부하가 있을 때 선전류가 10[A]이고 부하의 전 소비전력이 4[kW]이다. 이 부하의 등가 Y회로에 대한 각 상의 저항[Ω]은?

① 40

② $40\sqrt{3}$

③ $\dfrac{40}{3}$

④ $\dfrac{40}{\sqrt{3}}$

⑤ 50

50. 2전력계법으로 평형 3상 전력을 측정하였더니 각각의 전력계가 500[W], 300[W]를 지시하였다면 전전력[W]은?

① 200

② 300

③ 500

④ 800

⑤ 400

51. 다음 그림의 T회로에서 전류 I_1은 몇 [A]인가?

① 0.625

② 1.333

③ 1.505

④ 1.673

⑤ 1.875

52. 진공 중에 있는 반지름 a[m]인 도체구의 정전용량[F]은?

① $4\pi\epsilon_0 a$

② $2\pi\epsilon_0 a$

③ $\epsilon_0 a$

④ a

⑤ $1\pi\epsilon_0 a$

53. 어떤 막대 철심이 있다. 단면적이 0.5[m²], 길이가 0.8[m], 비투자율이 20이다. 이 철심의 자기 저항은 약 몇 [AT/Wb]인가?

① 2.56×10^4

② 3.63×10^4

③ 4.45×10^4

④ 6.37×10^4

⑤ 5.57×10^4

54. 반지름이 10[cm]인 접지 구도체의 중심으로부터 1[m] 떨어진 거리에 한 개의 전자를 놓았다. 접지 구도체에 유도된 총전하량은 몇 [C]인가?

① -1.6×10^{-20}

② -1.6×10^{-21}

③ 1.6×10^{-20}

④ 1.6×10^{-21}

⑤ 1.6×10^{-28}

55. 철도 궤도 간 거리가 1.5[m]이며 궤도는 서로 절연되어 있다고 한다. 열차가 매시 60[km]의 속도로 달리며, 차축이 지구 자계의 수직 분력 $B = 0.15 \times 10^{-4}$[Wb/m²]를 끊을 때, 두 궤도 사이에 발생하는 기전력은 몇 [V]인가?

① 1.75×10^{-4}[V]

② 2.75×10^{-4}[V]

③ 3.75×10^{-4}[V]

④ 4.75×10^{-4}[V]

⑤ 5.75×10^{-4}[V]

56. 같은 길이의 도선으로 M회와 N회 감은 원형 중심 코일에 각각 같은 전류를 흘릴 때, M회 감은 코일의 중심 자계는 N회 감은 코일의 몇 배인가?

① $\dfrac{M}{N}$

② $\dfrac{M^2}{N}$

③ $\dfrac{M}{N^2}$

④ $\dfrac{M^2}{N^2}$

⑤ $\dfrac{M^3}{N}$

57. 면적이 S[m²]이고 극간의 거리가 d[m]인 평행판 콘덴서에 비유전율 ϵ_s의 유전체를 채울 때 정전용량은 몇 [F]인가? (단, 진공의 유전율은 ϵ_0이다.)

① $\dfrac{2\epsilon_0\epsilon_s S}{d}$

② $\dfrac{\epsilon_0\epsilon_s S}{\pi d}$

③ $\dfrac{\epsilon_0\epsilon_s S}{d}$

④ $\dfrac{2\pi\epsilon_0\epsilon_s S}{d}$

⑤ $\dfrac{2\epsilon_0\epsilon_s S}{\pi d}$

58. 부하전류가 100[A]일 때 회전속도 1,000[rpm]으로 10[kg · m]의 토크를 발생하는 직류 직권 전동기가 80[A]의 부하 전류로 감소되었을 때, 토크[kg · m]는?

① 2.5   ② 3.6

③ 4.5   ④ 6.4

⑤ 5.5

59. 직류 발전기의 병렬 운전에서 부하 분담의 방법은?

① 계자 전류와 무관하다.

② 계자 전류가 증가하면 부하 분담도 증가한다.

③ 계자 전류가 감소하면 부하 분담은 증가한다.

④ 계자 전류를 증가시키면 부하 분담은 감소한다.

⑤ 계자 전류는 무관하게 부하 분배가 일정하다.

60. 변압기의 성층 철심 강판 재료의 규소 함유량은 대략 몇 %인가?

① 8

② 6

③ 4

④ 2

⑤ 9

61. 75[W] 정도 이하의 소출력 단상 직권 정류자 전동기의 용도로 적합하지 않은 것은?

① 소형 공구

② 치과 의료용 기구

③ 믹서기

④ 공작 기계

⑤ 헤어드라이어

62. 유도 전동기와 직결된 전기 동력계의 부하 전류를 증가시키면 유도 전동기의 속도는 어떻게 되는가?

① 증가한다.

② 감소한다.

③ 변화 없다.

④ 동기 속도로 회전한다.

⑤ 처음에는 증가하다가 다시 감소한다.

63. 직류 발전기를 병렬 운전할 때, 균압 모선이 필요한 직류기는?

① 직권 발전기, 분권 발전기

② 분권 발전기, 복권 발전기

③ 직권 발전기, 복권 발전기

④ 분권 발전기, 단극 발전기

⑤ 직권 발전기, 단극 발전기

64. 동기기에서 동기 리액턴스가 커지면 동작 특성은 어떻게 변하는가?

① 전압 변동률이 커지고 병렬 운전 시 동기화력이 커진다.

② 전압 변동률이 커지고 병렬 운전 시 동기화력이 작아진다.

③ 전압 변동률이 작아지고 지속 단락 전류도 감소한다.

④ 전압 변동률이 작아지고 지속 단락 전류는 증가한다.

⑤ 전압 변동률이 커지지만 병렬 운전 시 동기화력은 변하지 않는다.

65. 다음 중 연가를 하는 목적으로 가장 옳은 것은?

① 미관상 필요

② 선로정수의 평형

③ 유도뢰의 방지

④ 직격뢰의 방지

⑤ 전력 손실을 감소

66. 다음 그림과 같은 배전선이 있다. 부하에 급전 및 정전할 때 조작방법으로 옳은 것은?

① 급전 및 정전할 때는 항상 DS, CB 순으로 한다.

② 급전 및 정전할 때는 항상 CB, DS 순으로 한다.

③ 급전시는 DS, CB 순이고, 정전시는 CB, DS 순이다.

④ 급전시는 CB, DS 순이고, 정전시는 DS, CB 순이다.

⑤ 급전시는 CB, DS 순이고, 정전시는 CB, DS 순이다.

67. 우리나라의 특고압 배전방식으로 가장 많이 사용되고 있는 것은?

① 단상 2선식　　　　　② 단상 3선식

③ 3상 3선식　　　　　④ 3상 4선식

⑤ 2상 3선식

68. 복도체를 사용하면 송전용량이 증가하는 이유로 가장 옳은 것은?

① 전압강하가 작아진다.

② 무효전력이 감소한다.

③ 코로나가 발생하지 않는다.

④ 선로의 작용 인덕턴스는 감소하고 작용 정전용량이 증가한다.

⑤ 송전선의 길이에 관계없이 전력 손실이 없어지기 때문이다.

69. 다음 중 선로의 단락보호용으로 사용되는 계전기는?

① 접지계전기　　　　　② 재폐로계전기

③ 역상계전기　　　　　④ 거리계전기

⑤ 과부하계전기

70. 송전선에 코로나가 발생하면 전선이 부식된다. 부식의 원인은 무엇인가?

① 산소

② 오존

③ 수소

④ 질소

⑤ 이산화탄소

71. 정격이 5[kW], 100[V], 50[A], 1,800[rpm]인 타여자 직류 발전기가 있다. 무부하시의 단자 전압은 얼마인가? (단, 계자전압은 50[V], 계자전류는 5[A], 전기자 저항은 0.2[Ω], 브러시의 전압강하는 2[V]이다.)

① 100　　　　　② 112

③ 115　　　　　④ 118

⑤ 120

72. 유도전동기의 2차 여자제어법에 대한 설명으로 옳지 않은 것은?

① 권선형 전동기에 한하여 이용된다.

② 동기 속도의 이하로 광범위하게 제어할 수 있다.

③ 2차측에 슬립 링을 부착하고 속도 제어용 저항을 넣는다.

④ 역률을 개선할 수 있다.

⑤ 전력의 손실이 커지게 된다.

73. 단상 변압기의 병렬 운전 조건에 대한 설명 중 옳지 않은 것은? (단, r과 x는 각 변압기의 저항과 리액턴스를 나타낸다.)

① 각 변압기의 극성이 일치할 것

② 각 변압기의 권수비가 같고 1차 및 2차 정격전압이 같을 것

③ 각 변압기의 백분율 임피던스 강하가 같을 것

④ 각 변압기의 저항과 임피던스의 비는 $\dfrac{x}{r}$일 것

⑤ 각 변압기의 저항과 리액턴스의 비는 $\dfrac{r}{x}$가 같을 것

74. 유도 전동기의 제동법 중 유도 전동기를 전원에 접속한 상태에서 동기 속도 이상의 속도로 운전하여 유도 발전기로 동작시킴으로써 그 발생 전력을 전원으로 반환하면서 제동하는 방법은?

① 발전 제동

② 회생 제동

③ 역상 제동

④ 단상 제동

⑤ 전자기 제동

75. 변압기의 기계적 보호계전기인 부흐홀츠계전기의 설치위치로 옳은 것은?

① 콘서베이터 내부

② 유면 위의 탱크 내

③ 변압기의 고압측 부싱

④ 주 탱크와 콘서베이터를 연결하는 파이프 중간

⑤ 변압기의 저압축 부싱

76. 송전선로에서 역섬락을 방지하려면 어떻게 하여야 하는가?

① 가공지선을 설치한다.

② 피뢰기를 설치한다.

③ 탑각 접지저항을 적게 한다.

④ 소호각을 설치한다.

⑤ 애자의 개수를 늘려 절연 거리를 증가시킨다.

77. 배전선로의 역률개선에 따른 효과로 적합하지 않은 것은?

① 전원측 설비의 이용률 향상

② 선로절연에 요하는 비용 절감

③ 전압강하 감소

④ 선로의 전력손실 경감

⑤ 배전선로의 수명을 연장

78. 최대 수용전력의 합계와 합성 최대 수용전력의 비를 나타내는 계수는?

① 부하율   ② 수용률

③ 부등률   ④ 보상률

⑤ 전력 손실률

79. 수전단전압이 송전단전압보다 높아지는 현상을 무엇이라 하는가?

① 옵티마 현상

② 자기여자 현상

③ 페란티 현상

④ 동기화 현상

⑤ 정전 용량 효과

80. 송전선로에 사용되는 애자의 특성이 나빠지는 원인으로 볼 수 없는 것은?

① 애자 각 부분의 열팽창의 상이

② 전선 상호간의 유도 장해

③ 누설전류에 의한 편열

④ 시멘트의 화학 팽창 및 동결 팽창

⑤ 오염 물질에 의한 표면 저항 감소

대구교통공사 필기시험 모의고사

	성명

직업기초능력평가

1	① ② ③ ④ ⑤
2	① ② ③ ④ ⑤
3	① ② ③ ④ ⑤
4	① ② ③ ④ ⑤
5	① ② ③ ④ ⑤
6	① ② ③ ④ ⑤
7	① ② ③ ④ ⑤
8	① ② ③ ④ ⑤
9	① ② ③ ④ ⑤
10	① ② ③ ④ ⑤
11	① ② ③ ④ ⑤
12	① ② ③ ④ ⑤
13	① ② ③ ④ ⑤
14	① ② ③ ④ ⑤
15	① ② ③ ④ ⑤
16	① ② ③ ④ ⑤
17	① ② ③ ④ ⑤
18	① ② ③ ④ ⑤
19	① ② ③ ④ ⑤
20	① ② ③ ④ ⑤
21	① ② ③ ④ ⑤
22	① ② ③ ④ ⑤
23	① ② ③ ④ ⑤
24	① ② ③ ④ ⑤
25	① ② ③ ④ ⑤
26	① ② ③ ④ ⑤
27	① ② ③ ④ ⑤
28	① ② ③ ④ ⑤
29	① ② ③ ④ ⑤
30	① ② ③ ④ ⑤
31	① ② ③ ④ ⑤
32	① ② ③ ④ ⑤
33	① ② ③ ④ ⑤
34	① ② ③ ④ ⑤
35	① ② ③ ④ ⑤
36	① ② ③ ④ ⑤
37	① ② ③ ④ ⑤
38	① ② ③ ④ ⑤
39	① ② ③ ④ ⑤
40	① ② ③ ④ ⑤
41	① ② ③ ④ ⑤
42	① ② ③ ④ ⑤
43	① ② ③ ④ ⑤
44	① ② ③ ④ ⑤
45	① ② ③ ④ ⑤
46	① ② ③ ④ ⑤
47	① ② ③ ④ ⑤
48	① ② ③ ④ ⑤
49	① ② ③ ④ ⑤
50	① ② ③ ④ ⑤
51	① ② ③ ④ ⑤
52	① ② ③ ④ ⑤
53	① ② ③ ④ ⑤
54	① ② ③ ④ ⑤
55	① ② ③ ④ ⑤
56	① ② ③ ④ ⑤
57	① ② ③ ④ ⑤
58	① ② ③ ④ ⑤
59	① ② ③ ④ ⑤
60	① ② ③ ④ ⑤

전기일반

61	① ② ③ ④ ⑤
62	① ② ③ ④ ⑤
63	① ② ③ ④ ⑤
64	① ② ③ ④ ⑤
65	① ② ③ ④ ⑤
66	① ② ③ ④ ⑤
67	① ② ③ ④ ⑤
68	① ② ③ ④ ⑤
69	① ② ③ ④ ⑤
70	① ② ③ ④ ⑤
71	① ② ③ ④ ⑤
72	① ② ③ ④ ⑤
73	① ② ③ ④ ⑤
74	① ② ③ ④ ⑤
75	① ② ③ ④ ⑤
76	① ② ③ ④ ⑤
77	① ② ③ ④ ⑤
78	① ② ③ ④ ⑤
79	① ② ③ ④ ⑤
80	① ② ③ ④ ⑤

대구교통공사
필기시험 모의고사

- 정답 및 해설 -

제1회 정답 및 해설

》 직업기초능력평가(40문항)

1 ③

③ '가엾다'는 '가엾다'와 함께 표준어로 쓰인다.
① 아지랑이 → 아지랑이
② 상판때기 → 상판대기
④ 가벼히 → 가벼이
⑤ 느즈감치 → 느지감치

2 ④

④ 혜림은 목 놓아 울었다. 그러므로 스트레스를 해소하였다. → 혜림은 목 놓아 울었다. 그럼으로(써) 스트레스를 해소하였다.

3 ②

'위로 끌어 올리다'의 뜻으로 사용될 때는 '추켜올리다'와 '추어올리다'를 함께 사용할 수 있지만 '실제보다 높여 칭찬하다'의 뜻으로 사용될 때는 '추어올리다'만 사용해야 한다.
① 쓰여지는 지 → 쓰이는지
③ 나룻터 → 나루터
④ 서슴치 → 서슴지
⑤ 또아리 → 똬리

4 ②

• 수립(樹立) : 국가나 정부, 제도, 계획 따위를 이룩하여 세움
• 적립(積立) : 모아서 쌓아 둠
• 확립(確立) : 체계나 견해, 조직 따위가 굳게 섬. 또는 그렇게 함

5 ②

첫 번째 문단에서는 아바이 마을에 대한 설명, 두 번째는 가자미인 자리고기에 대한 설명, 세 번째는 가자미를 이용해 만든 가자미식해에 대한 설명이다. 따라서 이 세 문단의 내용을 모두 담을 수 있는 제목으로는 ② 속초의 아바이 마을과 가자미식해가 적합하다.

6 ④

몇 개 국가의 남녀평등 문화와 근로정책에 대하여 간략하게 기술하고 있으며, 노르웨이와 일본의 경우에는 법률을 구체적으로 언급하고 있지 않다. 또한 단순한 근로정책 소개가 아닌, 남녀평등에 관한 내용을 일관되게 소개하고 있으므로 전체를 포함하는 논지는 '남녀평등과 그에 따른 근로정책'에 관한 것이라고 볼 수 있다.

7 ①

집단 사이의 관계에서 도덕적이며 윤리적인 조정이 불가능한 것은 아니다. (역접 : 그러나) 실제 집단사이에서는 윤리적인 조정이 불가능 하다. (순접 : 따라서) 집단 사이의 관계는 윤리적이기 보다 정치적이다. (부연 : 즉) 집단사이의 관계는 각 집단이 지닌 힘의 비율에 의해서 수립된다.

8 ④

④ 밑줄 친 부분의 문맥적 의미는 인간이 대상에 대해 지닐 수 있는 문제의식이나 의문을 뜻한다.

9 ①

㉠ 갑과 을 모두 경제 문제를 틀린 경우
갑과 을의 답이 갈리는 경우만 생각하면 되므로 2, 4, 6, 7번만 생각하면 된다.
2, 4, 6, 7번을 제외한 나머지 항목에 경제 문제가 있는 게 되므로 경제 문제는 20점이므로 갑은 나머지 문제를 틀리게 되면 80점을 받을 수 없다. 을은 2, 4, 6, 7번을 모두 맞췄다면 모두 10점짜리라고 하더라도 최대 점수는 60점이 되므로 갑과 을 모두 경제 문제를 틀린 경우는 있을 수 없다.

1

© 갑만 경제 문제를 틀렸다면 나머지는 다 맞춰야 한다.

- 2, 4, 6, 7번 중 하나가 경제일 경우 갑은 정답이 되고 을은 3개가 틀리게 된다. 3개를 틀려서 70점을 받으려면 각 배점은 10점짜리이어야 하므로 예술 문제를 맞춘 게 된다.
- 2, 4, 6, 7번 중 하나가 경제가 아닌 경우 을은 4문제를 틀린 게 되므로 70점을 받을 수 없다.

그러므로 갑이 경제 문제를 틀렸다면 갑과 을은 모두 예술 문제를 맞춘 것이 된다.

© 갑이 역사 문제 두 문제를 틀렸을 경우

- 2, 4, 6, 7번 문항에서 모두 틀린 경우 을은 2, 4, 6, 7번에서 2문제만 틀리고 나머지는 정답이 되므로 을은 두 문제를 틀리고 30점을 잃었으므로 경제 또는 예술에서 1문제, 역사에서 1문제를 틀린 게 된다.
- 2, 4, 6, 7번 문항에서 1문제만 틀린 경우 을은 역사 1문제를 틀리고, 2, 4, 6, 7번에서 3문제를 틀리게 된다. 그러면 70점이 안 되므로 불가능하다.
- 2, 4, 6, 7번 문항에서 틀린 게 없는 경우 을은 역사 2문제를 틀리고, 2, 4, 6, 7번에서도 틀리게 되므로 40점이 된다.

10 ③

평가항목 음식점	음식 종류	이동 거리	1인분 가격	평점 (★ 5개 만점)	예약 가능 여부	총점
북경반점	2	4	5	1	1	13
샹젤리제	3	3	4	2	1	13
경복궁	4	5	2	3	0	14
아사이타워	5	1	3	4	0	13
광화문	4	2	1	5	0	12

11 ①

A와 B는 6동 식당에 가지 않았다고 하였으므로 6동 식당에 간 사람은 C다. B는 C가 갔던 식당이 있는 동(6동)에서 근무하므로 B의 사무실은 6동이다.

A는 남은 5동에 사무실이 있으며 식당과 사무실이 겹치지 않기 때문에 7동에 위치한 식당에 갔다. 따라서 B는 남은 5동에 있는 식당에 간 것을 알 수 있다.

	5동	6동	7동
사무실	A	B	C
식당	B	C	A

12 ③

각 제품의 점수를 환산하여 총점을 구하면 다음과 같다. 다른 기능은 고려하지 않는다 했으므로 제시된 세 개 항목에만 가중치를 부여하여 점수화한다.

구분	A	B	C	D
크기	153.2×76.1 ×7.6	154.4×76 ×7.8	154.4×75. 8×6.9	139.2×68. 5×8.9
무게	171g	181g	165g	150g
RAM	4GB	3GB	4GB	3GB
저장 공간	64GB	64GB	32GB	32GB
카메라	16Mp	16Mp	8Mp	16Mp
배터리	3,000mAh	3,000mAh	3,000mAh	3,000mAh
가격	653,000원	616,000원	599,000원	549,000원
가중치 부여	20×1.3+18 ×1.2+20×1. 1=69.6	20×1.3+16 ×1.2+20×1. 1=67.2	18×1.3+18 ×1.2+8×1. 1=53.8	18×1.3+20 ×1.2+20×1. 1=69.4

따라서 가장 가중치 점수가 높은 것은 A제품이며, 가장 낮은 것은 C제품이므로 정답은 A제품과 C제품이 된다.

13 ④

무항공사의 경우 화물용 가방 2개의 총 무게가 20×2=40kg, 기내 반입용 가방 1개의 최대 허용 무게가 16kg이므로 총 56kg까지 허용되어 무항공사도 이용이 가능하다.

① 기내 반입용 가방의 개수를 2개까지 허용하는 항공사는 갑, 병항공사 밖에 없다.

② 155cm 2개는 화물용으로, 118cm 1개는 기내 반입용으로 운송 가능한 곳은 무항공사이다.

③ 을항공사는 총 허용무게가 23+23+12=58kg이며, 병항공사는 20+12+12=44kg이다.

⑤ 2개를 기내에 반입할 수 있는 항공사는 갑항공사와 병항공사이나 모두 12kg까지로 제한을 두고 있다.

14 ②

팀장별 순위에 대한 가중치는 모두 동일하다고 했으므로 1 ~ 4순위까지를 각각 4, 3, 2, 1점씩 부여하여 점수를 산정해 보면 다음과 같다.

갑 : 2+4+1+2 = 9
을 : 4+3+4+1 = 12
병 : 1+1+3+4 = 9
정 : 3+2+2+3 = 10

따라서 〈보기〉의 설명을 살펴보면 다음과 같다.

㉠ '을' 또는 '정' 중 한 명이 입사를 포기하면 '갑'과 '병'이 동점자이나 A팀장이 부여한 순위가 높은 '갑'이 채용되게 된다.

㉡ A팀장이 '을'과 '정'의 순위를 바꿨다면, 네 명의 순위에 따른 점수는 다음과 같아지므로 바꾸기 전과 동일하게 '을'과 '정'이 채용된다.

갑 : 2+4+1+2 = 9
을 : 3+3+4+1 = 11
병 : 1+1+3+4 = 9
정 : 4+2+2+3 = 11

㉢ 이 경우 네 명의 순위에 따른 점수는 다음과 같아지므로 '정'은 채용되지 못한다.

갑 : 2+1+1+2 = 6
을 : 4+3+4+1 = 12
병 : 1+4+3+4 = 12
정 : 3+2+2+3 = 10

15 ⑤

주어진 조건에 의해 가능한 날짜와 연회장을 알아보면 다음과 같다.

우선, 백 대리가 원하는 날은 월, 수, 금요일이며 오후 6시 ~ 8시까지 사용을 원한다. 또한 인원수로 보아 A, B, C 연회장만 가능하다. 기 예약된 현황과 연회장 측의 직원들 퇴근 시간과 시작 전후 필요한 1시간씩을 감안하여 예약이 가능한 연회장과 날짜를 표시하면 다음과 같다.

일	월	화	수	목	금	토
			1 A, C	2 B 19시 D 18시	3 A, B	4 A 11시 B 12시
5	6 A	7	8 B, C	9 C 15시	10 A, B	11
12	13 A, B	14 A 16시	15 B, C	16	17 A, C	18

따라서 A, B 연회장은 원하는 날짜에 언제든 가능하지 않다.

① 가능한 연회장 중 가장 저렴한 C 연회장은 월요일에 사용이 불가능하다.

② 6일은 가장 비싼 A 연회장만 사용이 가능하다.

③ 인원이 200명을 넘지 않으면 가장 저렴한 C 연회장을 1, 8, 15, 17일에 사용할 수 있다.

④ 8일과 15일은 사용 가능한 잔여 연회장이 B, C 연회장으로 동일하다.

16 ①

주어진 평가 방법에 의해 각 팀별 총점을 산출해 보면 다음과 같다.

평가 항목 (가중치)	A팀	B팀	C팀	D팀
팀 성적 (0.3)	65	80	75	85
연간 경기 횟수 (0.2)	90	95	85	90
사회공헌활동 (0.3)	90	75	85	80
지역 인지도 (0.2)	95	85	95	85
총점	84.5+108+117+114=423.5점	104+114+97.5+102=417.5점	97.5+102+110.5+114=424점	110.5+108+104+102=424.5점

따라서 총점은 D-C-A-B 팀의 순서가 된다.

㉠㉢ 상위 2개 팀과 3개 팀에게만 주어지는 자격이므로 올바른 설명이다.

㉡㉣ 다음 표에서와 같이 총점이 달라지므로 (라)만 올바른 설명이 된다.

〈팀 성적과 연간 경기 횟수 가중치 상호 변경〉

평가 항목 (가중치)	A팀	B팀	C팀	D팀
팀 성적 (0.2)	65	80	75	85
연간 경기 횟수(0.3)	90	95	85	90
사회공헌활동(0.3)	90	75	85	80
지역 인지도 (0.2)	95	85	95	85
총점	78+117+117+114=426점	96+123.5+97.5+102=419점	90+110.5+110.5+114=425점	102+117+104+102=425점

→ 지원금이 삭감되는 4위는 B팀으로 바뀌지 않는다.

〈지역 인지도 내 점수가 모두 동일할 경우〉

평가 항목 (가중치)	A팀	B팀	C팀	D팀
팀 성적 (0.3)	65	80	75	85
연간 경기 횟수 (0.2)	90	95	85	90
사회공헌활동 (0.3)	90	75	85	80
총점	84.5+108+117=309.5점	104+114+97.5=315.5점	97.5+102+110.5=310점	110.5+108+104=322.5점

→ 네 개 팀의 총점은 D-B-C-A 순으로 D팀을 제외한 3개 팀의 순위가 바뀌게 된다.

17 ⑤

문제의 그림은 커뮤니케이션 네트워크 형태 중 "Y형"을 나타낸 것이다. Y형에서 확고한 중심인은 존재하지 않아도 대다수의 구성원을 대표하는 리더가 존재하는 경우에 나타나는 유형으로써, 라인 및 스탭이 혼합되어 있는 집단에서 흔히 나타난다. ①번은 원 (Circle)형, ②번은 수레바퀴 (Wheel)형, ③번은 쇠사슬 (Chain)형, ④번은 상호연결 (All Channel)형에 대해 각각 설명한 것이다.

18 ④

M과 K 사이의 갈등이 있음을 발견하게 되었으므로 즉각적으로 개입하여 중재를 하고 이를 해결하는 것이 리더의 대처방법이다.

19 ④

이미지 메이킹은 언어적 및 비언어적인 커뮤니케이션의 수단이면서 동시에 적극적인 의사소통행위이다.

20 ②

권위 전략이란 직위나 전문성, 외모 등을 이용하면 협상 과정상의 갈등해결에 도움이 될 수 있다는 것이다. 설득기술에 있어서 권위란 직위, 전문성, 외모 등에 의한 기술이다. 사람들은 자신보다 더 높은 직위, 더 많은 지식을 가지고 있다고 느끼는 사람으로부터 설득 당하기가 쉽다. 계장의 말씀보다 국장의 말씀에 더 권위가 있고 설득력이 높다. 비전문가보다 전문가의 말에 더 동조하게 된다. 전문성이 있는 사람이 그렇지 않은 사람보다 더 권위와 설득력이 있다.

21 ①

목표를 달성하기 위해 노력하는 팀이라면 갈등은 항상 일어나게 마련이다. 갈등은 의견 차이가 생기기 때문에 발생하게 된다. 그러나 이러한 결과가 항상 부정적인 것만은 아니다. 갈등은 새로운 해결책을 만들어 주는 기회를 제공한다. 중요한 것은 갈등에 어떻게 반응하느냐 하는 것이다. 갈등이나 의견의 불일치는 불가피하며 본래부터 좋거나 나쁜 것이 아니라는 점을 인식하는 것이 중요하다. 또한 갈등수준이 적정할 때는 조직 내부적으로 생동감이 넘치고 변화 지향적이며 문제해결 능력이 발휘되며, 그 결과 조직성과는 높아지고 갈등의 순기능이 작용한다.

22 ②

② 갈등은 문제 해결보다 승리를 중시하는 태도에서 증폭된다.

23 ①

협상과정
협상 시작 → 상호 이해 → 실질 이해 → 해결 대안 → 합의 문서

24 ④

첫 번째 유형은 타협형, 두 번째 유형은 통합형을 말한다. 갈등의 해결에 있어서 문제를 근본적·본질적으로 해결하는 것이 가장 좋다. 통합형 갈등해결 방법에서의 '윈윈(Win-Win) 관리법'은 서로가 원하는 바를 얻을 수 있기 때문에 성공적인 업무관계를 유지하는 데 매우 효과적이다.

25 ④

홀수항과 짝수항을 따로 분리해서 생각하도록 한다.
홀수항은 분모 2의 분수형태로 변형시켜 보면 분자에서 −3씩 더해가고 있다.

$$10 = \frac{20}{2} \rightarrow \frac{17}{2} \rightarrow 7 = \frac{14}{2} \rightarrow \frac{11}{2}$$

짝수항 또한 분모 2의 분수형태로 변형시켜 보면 분자에서 +5씩 더해가고 있음을 알 수 있다.

$$2 = \frac{4}{2} \rightarrow \frac{9}{2} \rightarrow 7 = \frac{14}{2} \rightarrow \frac{19}{2}$$

26 ①

각 항에서의 증가폭이 +1, +2, +4, +8, +16이다. 각각 2^0, 2^1, 2^2, 2^3, 2^4이므로 다음 항에서는 $2^5 (= 32)$만큼 증가할 것을 알 수 있다. 따라서 37 + 32 = 69가 된다.

27 ②

첫 번째 수를 두 번째 수로 나눈 후 그 몫에 1을 더하고 있다.
$20 \div 10 + 1 = 3$, $30 \div 5 + 1 = 7$, $40 \div 5 + 1 = 9$

28 ④

물건의 원가를 a라 하자.
이때 정가는 $\left(1 + \dfrac{x}{100}\right)a$이므로, 문제의 조건에 의하면

$$\left(1 - \frac{x}{100}\right)\left(1 + \frac{x}{100}\right)a = \left(1 - \frac{4}{100}\right)a$$
$$\Rightarrow \left(1 - \frac{x}{100}\right)\left(1 + \frac{x}{100}\right) = \frac{96}{100}$$
$$\Rightarrow 1 - \left(\frac{x}{100}\right)^2 = \frac{96}{100}$$
$$\Rightarrow \left(\frac{x}{100}\right)^2 = \frac{4}{100}$$
$$\Rightarrow \frac{x}{100} = \frac{2}{10}$$
$$\therefore x = \frac{2}{10} \times 100 = 20$$

29 ②

② 수출량과 수입량 모두 상위 10위에 들어있는 국가는 네덜란드와 중국이다.

30 ②

② A, B, C 3개 회사의 '갑' 제품 점유율 총합은 2021년부터 순서대로 38.4%, 39.9%, 39.6%, 40.8%, 43.0%이다. 2023년도에는 전년도에 비해 3개 회사의 점유율이 감소하였으므로, 반대로 3개 회사를 제외한 나머지 회사의 점유율은 증가하였음을 알 수 있다. 따라서 나머지 회사의 점유율이 2021년 이후 매년 감소했다고 할 수 없다.

① A사는 지속 증가, B사는 지속 감소, C사는 증가 후 감소하는 추이를 보인다.

③ C사는 $\frac{7.8 - 9.0}{9.0} \times 100 ≒ -13.3\%$이며,

B사는 $\frac{10.5 - 12.0}{12.0} \times 100 ≒ -12.5\%$로 C사의 감소율이 B사보다 더 크다.

④ 매년 증가하여 2025년에 3개 회사의 점유율은 43%로 가장 큰 해가 된다.

⑤ 2024년은 점유율의 합이 40.8%이며, 2025년에는 43%이므로 점유율의 증가율은 $\frac{43.0 - 40.8}{40.8} \times 100 ≒ 5.4\%$에 이른다.

31 ①

① 분기별 판매량의 평균은 두 제품 모두 약 50이다. 편차는 A제품의 경우 1/4분기와 2/4분기에서 약 10으로 가장 크고, B제품의 경우 1/4분기에서 약 30으로 가장 크다. 따라서 동일한 시기에 두 제품의 편차가 모두 가장 크다고 할 수 없다.

② 4/4분기 A, B 각 제품의 판매량을 a, b라고 할 때, A제품의 연간 판매량은 60 + 40 + 50 + a = 150 + a이고, B제품의 연간 판매량은 20 + 70 + 60 + b = 150 + b이다. 막대그래프에서 'a < b'이므로 B제품이 A제품보다 연간 판매량이 더 많다.

③ 세 분기 동안(1/4분기, 2/4분기, 3/4분기) 두 제품의 평균을 구해보면, A 평균 판매량 $= \frac{60 + 40 + 50}{3} = 50$, B 평균 판매량 $= \frac{20 + 70 + 60}{3} = 50$으로, 두 제품의 평균 판매량은 동일하다.

④ 1/4분기에는 40, 2/4분기에는 30, 3/4분기에는 10, 4/4분기에는 10미만의 판매량 차이를 보이며 연말이 다가올수록 점점 감소한다.

⑤ 3/4분기의 변화율은 $\frac{60 - 70}{70} \times 100 ≒ -14.3(\%)$이며,

4/4분기의 변화율은 $\frac{51 - 60}{60} \times 100 = -15(\%)$가 된다.

둘 다 음수이므로 변화율은 곧 감소율을 나타내며, 감소율의 크고 작음은 수치의 절댓값으로 알 수 있으므로 감소율의 크기는 3/4분기가 더 작다.

32 ④

④ 신입직이 가장 많이 질문 5개에는 '지원 분야에 대한 인턴 경험' 대신 17.5%를 기록한 '앞으로의 포부'가 포함되어야 한다.

① 신입직의 경우 하위 3개 질문은 순서대로 '개인 신상(7.9%) < 전 직장에서의 프로젝트 수행사례(9.0%) < 영어회화 실력(11.8%)'이며, 경력직의 경우에는 '지원 분야 인턴 경험(6.1%) < 영어회화 실력(8.6%) < 개인의 가치관(12.6%)' 순서이다. '영어회화 실력'이 신입직, 경력직 모두에서 공통질문으로 들어가 있다.

② 경력직에서는 35.1%인 반면, 신입직에서는 9.0%를 나타내고 있어 가장 큰 차이를 보이는 질문내용이다.

③ 신입직에서 12.3%, 경력직에서 12.6%를 나타내고 있어 가장 작은 차이를 보이는 질문내용이다.

⑤ 경력직의 경우 '지원동기(51.6%) > 전 직장에서의 프로젝트 수행사례(35.1%) > 직무에 대한 관심(34.1%)' 순서로 가장 많이 받은 질문에 해당한다.

33 ①

'EOMONTH(start_date, months)' 함수는 시작일에서 개월수만큼 경과한 이전/이후 월의 마지막 날짜를 반환한다. 따라서 [C3] 셀에 있는 날짜 2025년 3월 22일의 1개월이 지난 4월의 마지막 날은 30일이다.

34 ③

D2셀에 기재되어야 할 수식은
=VLOOKUP(B2,$C$12:$D$15,2,0) 이다. B2는 직책이
대리이므로 대리가 있는 셀을 입력하여야 하며, 데이터 범
위인 C12:D15가 변하지 않도록 절대 주소로 지정을 해
주게 된다. 또한 대리 직책에 대한 수당이 있는 열의 위치
인 2를 입력하게 되며, 마지막에 직책이 정확히 일치하는
값을 찾아야 하므로 0을 기재하게 된다.

35 ④

POWER(number, power) 함수는 number 인수를 power
인수로 제곱한 결과를 반환한다. 따라서 5의 3제곱은 125
이다.

36 ④

구하고자 하는 값은 "생산부 사원"의 승진시험 점수의 평균
이다. 주어진 조건에 따른 평균값을 구하는 함수는
AVERAGEIF와 AVERAGEIFS인데 조건이 1개인 경우에는
AVERAGEIF, 조건이 2개 이상인 경우에는 AVERAGEIFS
를 사용한다.
[=AVERAGEIFS(E3:E20,B3:B20,"생산부",C3:C20,"사
원")]

37 ③

A=1, S=1
A=2, S=1+2
A=3, S=1+2+3
...
A=10, S=1+2+3+…+10
∴ 출력되는 S의 값은 55이다.

38 ①

엑셀 통합 문서 내에서 다음 워크시트로 이동하려면
⟨Ctrl⟩+⟨Page Down⟩을 눌러야 하며, 이전 워크시트로
이동하려면 ⟨Ctrl⟩+⟨Page Up⟩을 눌러야 한다.

39 ②

DCOUNT는 조건을 만족하는 개수를 구하는 함수로,
[A2:F7]영역에서 '2021'(2021년도 종사자 수)가 25보다
작고 '2025'(2025년도 종사자 수)가 19보다 큰 레코드의
수는 1이 된다. 조건 영역은 [A9:B10]이 되며, 조건이 같
은 행에 입력되어 있으므로 AND 조건이 된다.

40 ④

worst-fit은 할당되지 않은 공간 중 가장 큰 공간을 선택
해서 프로세스가 적재되는 것을 의미한다. 다시 말해 모든
공간 중에서 수용 가능한 가장 큰 곳을 선택하는 방식을
말한다. 남은 공간이 큼직큼직하며, 1순위에 할당하므로
선택이 빠르다는 이점이 있는 반면에 기억공간의 정렬이
필요하고 더불어서 공간의 낭비가 발생하게 되는 문제점이
존재한다.

41 ③

① $V_0 \neq V_1 \neq V_2$

② $V_1 = V_2$

③ $V_0 = V_1 = V_2 \neq 0$

④ $V_0 = V_2 = 0$ ∴ $V_1 \neq 0$

⑤ $V_0 = V_1 = V_2 = 0$

42 ②

$$\frac{E_2(s)}{E_1(s)} = \frac{IR}{I(R+Ls)} = \frac{1}{1+\frac{Ls}{R}} = \frac{1}{1+Ts}$$

1차 지연요소이므로 출력전압의 위상은 입력전압보다 뒤진다.

43 ①

저항 $R[\Omega]$, 자기 인덕턴스 $L[H]$, 정전용량 $C[F]$의 직렬회로에서 정현파 교류전압을 가하면

전류 $I = \dfrac{V}{\sqrt{R^2 + \left(\omega L - \dfrac{1}{\omega C}\right)^2}}$ [A]

직렬공진시 $\omega L = \dfrac{1}{\omega C}$ 이므로 전류 $I = \dfrac{V}{R}$ 가 되어 위상은 전압과 동위상이 된다.

44 ⑤

단일 임피던스와 단일 어드미턴스의 종속회로이므로 4단자 정수 A, B, C, D는

$$\begin{bmatrix} A & B \\ C & D \end{bmatrix} = \begin{bmatrix} 1 & Z_1 \\ 0 & 1 \end{bmatrix} \begin{bmatrix} 1 & 0 \\ \frac{1}{Z_3} & 1 \end{bmatrix} \begin{bmatrix} 1 & Z_2 \\ 0 & 1 \end{bmatrix}$$

$$= \begin{bmatrix} 1+\frac{Z_1}{Z_3} & Z_1 \\ \frac{1}{Z_3} & 1 \end{bmatrix} \begin{bmatrix} 1 & Z_2 \\ 0 & 1 \end{bmatrix}$$

$$= \begin{bmatrix} 1+\frac{Z_1}{Z_3} & Z_1 + Z_2 + \frac{Z_1 Z_2}{Z_3} \\ \frac{1}{Z_3} & 1+\frac{Z_2}{Z_3} \end{bmatrix}$$

$A = 1 + \dfrac{Z_1}{Z_3}$, $B = Z_1 + Z_2 + \dfrac{Z_1 Z_2}{Z_3}$, $C = \dfrac{1}{Z_3}$,

$D = 1 + \dfrac{Z_2}{Z_3}$

45 ①

② 전류의 단위

③ 전력의 단위

④ 정전용량의 단위

⑤ 전압의 단위

46 ③

Heaviside 공식을 이용하면

$$\frac{2s+3}{s^2+3s+2} = \frac{2s+3}{(s+1)(s+2)} = \frac{A}{s+1} + \frac{B}{s+2}$$

식에서 각각 A, B를 구하면

$A = \dfrac{2s+3}{s+2} \Big|_{s=-1} = 1$

$B = \dfrac{2s+3}{s+1} \Big|_{s=-2} = 1$

$\mathcal{L}^{-1} = \left[\dfrac{1}{s+1} + \dfrac{1}{s+2} \right] = e^{-t} + e^{-2t}$

47 ①

4단자 정수 A, B, C, D는

$$\begin{vmatrix} A & B \\ C & D \end{vmatrix} = \begin{vmatrix} 1 & j600 \\ 0 & 1 \end{vmatrix} \begin{vmatrix} 1 & 0 \\ \frac{1}{-j300} & 1 \end{vmatrix} \begin{vmatrix} 1 & j600 \\ 0 & 1 \end{vmatrix}$$

$$= \begin{vmatrix} -1 & 0 \\ \frac{1}{-j300} & -1 \end{vmatrix}$$

따라서 $A=-1$, $B=0$, $C=-\dfrac{1}{j300}$, $D=-1$이므로

영상 전달정수

$\theta = \log_e \left| \sqrt{AD} + \sqrt{BC} \right|$

$\quad = \log_e \left| \sqrt{(-1)\times(-1)} + \sqrt{\dfrac{0\times 1}{-j300}} \right|$

$\log_e |1| = 0$

48 ③

4[Ω]에 흐르는 전류 $I_E = \dfrac{V}{R} = \dfrac{12}{4} = 3[\text{A}]$

합성전류 $I = \sqrt{{I_R}^2 + {I_L}^2}$

코일에 흐르는 전류 $I_L = \sqrt{I^2 - {I_B}^2} = \sqrt{5^2 - 3^2} = 4[\text{A}]$

$X_L = \dfrac{V}{I_L} = \dfrac{12}{4} = 3[\Omega]$

49 ②

중첩의 원리에 의해 $I = 10 + 2 + 3 = 15[\text{A}]$

50 ②

Y결선의 저항을 △결선으로 바꾸면 3배의 저항으로 증가된다.

$R_\triangle = 3R_Y = 30[\Omega]$

51 ③

밀만의 정리를 이용하면

$V_{bc} = \dfrac{\sum I_s}{\sum Y} = \dfrac{6 + \dfrac{4}{2}}{\dfrac{1}{2} + \dfrac{1}{2}} = 8$

52 ③

맥스웰은 자계가 도체 내의 전류뿐만 아니라 전극 간의 유전체 또는 자유공간에서 전속밀도의 시간적 변화에 의해 발생한다고 가정하였다. 즉 전속밀도의 시간적 변화를 변위 전류라 한다.

$i_D = \dfrac{\partial D}{\partial t}[\text{Am}^2]$

53 ③

$n = \dfrac{Q}{e} = \dfrac{It}{e} = \dfrac{1\times 10^{-6}\times 1}{1.602\times 10^{-19}} = 6.24\times 10^{12}$

54 ③

$H = \dfrac{I}{2\pi r} = \dfrac{\pi}{2\pi\times 0.1} = 5[\text{A/m}]$

55 ③

무한장 직선 전류에 의한 자계의 세기는 암페어의 주회 적분의 법칙에 따라 $H = \dfrac{I}{2\pi r}$

56 ①

원형 전류 중심의 자계 $H = \dfrac{I}{2a}[\text{AT/m}]$

반원형인 경우 $H = \dfrac{I}{2a}\times\dfrac{1}{2} = \dfrac{I}{4a}[\text{AT/m}]$

57 ②

면에 수직한 원통을 가우스의 폐곡면을 취하여 가우스 정리에 의해 정리하면

$\displaystyle\iint EndS = 2ES = \dfrac{\sigma S}{\epsilon_0}$

$E = \dfrac{\sigma}{2\epsilon_0}$

58 ③

$$P_2 : P_{c2} = 1 : s$$

$$P_2 = 7,500 + 200 = 7,700[\text{W}]$$

슬립 $s = \dfrac{P_{c2}}{P_2} = \dfrac{200}{7,700} \times 100 = 2.59 \fallingdotseq 2.6[\%]$

59 ④

변압기유는 절연 및 냉각 매체의 역할을 하므로 광유와 합성유가 있는데, 광유를 일반적으로 사용하고 있다.

※ 변압기유가 갖추어야 할 조건

    ㉠ 절연 내열이 높을 것

    ㉡ 점도가 낮을 것

    ㉢ 인화점이 높을 것

    ㉣ 응고점이 낮을 것

    ㉤ 다른 재질에 화학 작용을 일으키지 않을 것

    ㉥ 변하지 않을 것

60 ①

직류기의 전기자 반작용은 편자 작용이 되기 때문에 자로의 포화로 인한 총 자속의 감소(단자 전압의 저하)와 중성축의 이동 및 정류자편 간의 유기 전압 불균일 등이 일어난다. 전기자 반작용의 방지책으로 보상 권선이나 보극을 설치하는 방법이 있다.

61 ④

$$a = \dfrac{V_1}{V_2} = \dfrac{6,300}{110} = 57.3$$

$$V_T = a V_2{'} = 57.3 \times 120 = 6,876 \fallingdotseq 6,900[\text{V}]$$

62 ②

타여자 발전기의 원동기로는 유도전동기를 사용하고, 축에 큰 플라이 휠을 붙인 유도 전동기로 운전하여 급격한 변동에 대응하도록 한 것이 일그너 방식이다.

63 ②

$f = 50[\text{Hz}]$, $s = 0.2$, $N = 600[\text{rpm}]$이므로

$$N = (1-s)N_s[\text{rpm}]$$

$$N_s = \dfrac{N}{1-s} = \dfrac{600}{1-0.2} = 750[\text{rpm}]$$

$$P = \dfrac{120f}{N_s} = \dfrac{120 \times 50}{750} = 8\text{극}$$

64 ③

$$\epsilon = p\cos\phi + q\sin\phi = 3 \times 0.6 + 4 \times 0.8 = 5[\%]$$

65 ④

전압강하율

$$\%e = \dfrac{\sqrt{3}\,I(r\cos\phi + x\sin\theta)}{V_R}$$

$$= \dfrac{\sqrt{3} \times 100 \times (10 \times 0.8 + 15 \times 0.6)}{66,000} \times 100$$

$$= 4.46[\%]$$

66 ④

직류송전방식은 교류송전방식에 비해 전압변성이 어렵고 전압변성을 하려면 교직변환장치가 필요하며 설비가 고가이다.

67 ④

① 탑각 접지저항이 300[Ω]을 초과하면 철탑 각각에 동복강연선을 지하 50[cm] 이상의 깊이에 20~80[m] 정도로 방사상으로 포설하여 역섬락을 방지한다.

② 지자물 상부에 시설한 지선으로 직격뢰 또는 유도뢰로부터 보호한다.

③ 애자를 역섬락으로부터 보호한다.

④ 전선의 진동을 방지하는 금구이다.

68 ③

1선 지락시 전자유도장해의 크기

ⓐ 비접지방식 : 작음

ⓑ 저항접지방식 : 중간

ⓒ 직접접지방식 : 최대

ⓓ 소호리액터접지방식 : 작음

69 ④

배전선로의 전력손실

$$P_c = 3I^2 r = \frac{\rho W^2 L}{A V^2 \cos^2\theta} \propto \frac{1}{V^2}$$

여기서, ρ : 고유저항, W : 부하전력, L : 배전거리,

A : 전선의 단면적, V : 수전전압, $\cos\theta$: 부하역률

70 ①

우리나라에서는 지형의 관계상 전력선과 통신선이 근접해서 건설되는 경우가 많다. 전력선이 통신선에 근접해 있을 경우에는 통신선에 전압 및 전류를 유도해서 여러 가지 통신장애를 주게 되며 유도장해는 다음과 같이 분류할 수 있다.

ⓐ 정전 유도 : 전력선과 통신선과의 상호 정전용량에 의해 발생

ⓑ 전자 유도 : 전력선과 통신선과의 상호 인덕턴스에 의해 발생

ⓒ 고조파 유도 : 양자의 영향에 의하지만 상용 주파수보다 고조파의 유도에 의한 잡음장해로 발생

71 ③

병렬 회로수의 경우 파권은 항상 $2a = 2$이고, 중권은 $2a = 2p$로 극수와 같으므로 파권은 고전압 소전류, 중권은 저전압 대전류에 적합하다.

72 ①

동기 발전기의 병렬 운전 중 B 발전기의 여자 전류를 증가시키면, B 발전기의 역률은 저하되고 A 발전기의 역률은 개선된다.

73 ③

$$\tau = \frac{P \times 10^3}{\omega} [\text{N} \cdot \text{m}] = \frac{P \times 10^3}{9.8\omega} [\text{kg} \cdot \text{m}]$$

$$= \frac{P \times 10^3}{9.8 \times 2\pi n} = \frac{P \times 10^3}{9.8 \times 2\pi \times \dfrac{N}{60}}$$

$$= \frac{1}{9.8} \times \frac{60}{2\pi} \times \frac{P \times 10^3}{N} = 975\frac{P}{N} [\text{kg} \cdot \text{m}]$$

74 ①

옥내배선에는 도전율이 높은 연동선을 주로 사용한다.

75 ④

뇌충격전압에 의한 섬락으로부터 애자련을 보호하기 위해 아킹혼을 설치한다.

※ 아킹혼의 기능

ⓐ 내뢰 보호

ⓑ 코로나 보호

ⓒ 애자 분담전압의 완화

ⓓ 내아크 보호

76 ①

$$v = 220\sqrt{2} \sin\left(\omega t + \frac{\pi}{4}\right) = 220(\cos 45° + j\sin 45°)$$

$$= 110\sqrt{2} + j110\sqrt{2}$$

$$i = 5\sqrt{2} \sin\left(\omega t + \frac{\pi}{3}\right) = 10(\cos 60° + j\sin 60°)$$

$$= 5 - j5\sqrt{2}$$

$$Z = \frac{v}{i} = \frac{110\sqrt{2} + j110\sqrt{2}}{5 - j5\sqrt{2}}$$

$$= \frac{110\sqrt{2} + j110\sqrt{2}}{5 - j5\sqrt{2}} \times \frac{5 + j5\sqrt{2}}{5 + j5\sqrt{2}}$$

$$= \frac{(110\sqrt{2} + j110\sqrt{2}) \times (5 + j5\sqrt{2})}{5^2 + (5\sqrt{2})^2}$$

$$= 42.5 - j11.4$$

77 ②

$$C(S) = G(S)R(S) = \frac{S}{S+\frac{1}{RC}} \times \frac{1}{S} = \frac{1}{S+\frac{1}{RC}}$$

$$C(t) = \mathcal{L}^{-1}[C(S)] = e^{-\frac{1}{RC}t}$$

지수적으로 감소하는 그래프가 나타난다.

78 ②

파형률 $= \dfrac{실효값}{평균값}$ 이 된다.

79 ④

△결선을 Y결선으로 바꾸었을 때 각 상당 저항

$$R = 3r + \frac{3r}{3} = 4r[\Omega]$$

선전류 $I_l = \dfrac{\frac{V}{\sqrt{3}}}{R} = \dfrac{\frac{V}{\sqrt{3}}}{4r} = \dfrac{200\sqrt{3}}{4 \times 2 \times \sqrt{3}} = 25[A]$

80 ②

① 수동소자는 공급된 전력을 소비 또는 방출하는 소자를 말하며, 능동소자는 수동소자에 에너지를 공급할 수 있는 능력을 갖춘 소자를 말한다. 능동소자는 양의 값을 갖는다.

③ 선형 소자는 중첩의 원리와 비례의 법칙을 만족할 수 있는 소자를 말하며 대표되는 선형 소자는 저주파에서의 저항, 커패시터, 인덕터 등이 있다.

④ 개방회로에서는 전류가 흐르지 못한다.

>> 직업기초능력평가(40문항)

1 ①

'있다'의 어간 '있−'에 '어떤 일에 대한 원인이나 근거'를 나타내는 연결 어미 '−(으)매'가 결합한 형태이다.

② '선보이−'+'−었'+'−어도' → 선보이었어도 → 선뵀어도

③ 한글 맞춤법 제40항에 따르면 어간의 끝음절 '하'가 아주 줄 적에는 준 대로 적는다. 따라서 '야속하다'는 '야속다'로 줄여 쓸 수 있다.

④ '마구', '많이'의 뜻을 더하는 접두사 '처−'를 쓴 단어이다. '(~을) 치다'의 '치어'가 준 말인 '쳐'가 오지 않도록 한다.

⑤ '몇 일'은 없는 표현이다. 표준어인 '며칠'로 쓴다.

2 ⑤

⑤ '때맞추다'는 한 단어이므로 붙여 쓴 것이 맞다. '처리해 나갔다'에서 '나가다'는 '앞말이 뜻하는 행동을 계속 진행함'을 뜻하는 보조동사로 본용언과 띄어 쓰는 것이 원칙이다.

① '보아하니'는 부사로, 한 단어이므로 붙여 쓰기 한다. 유사한 형태로 '설마하니, 멍하니' 등이 있다.

② '난생처음'은 한 단어이므로 붙여 쓰기 한다.

③ '별∨볼∨일이'와 같이 띄어쓰기 한다.

④ '하잘것없다'는 형용사로 한 단어이므로 붙여 쓰고, '끼리'는 접미사이므로 '형제끼리'와 같이 앞 단어와 붙여 쓴다.

3 ③

• 인출(引出) : 예금 따위를 찾음.
• 도출(導出) : 판단이나 결론 따위를 이끌어 냄.
• 색출(索出) : 샅샅이 뒤져서 찾아냄.

4 ③

화자는 문두에서 한 번에 두 가지 이상의 일을 하는 것은 마음에게 흩어지라고 지시하는 것이라고 언급한다. 또한 글의 중후반부에서 당신이 하는 모든 일은 당신의 온전한 주의를 받을 가치가 있는 것이어야 한다고 강조한다. 따라서 이 글의 중심 내용은 ③이 적절하다.

5 ④

첫 번째 빈칸은 서리 착빙은 중량이 가볍다는 내용과 서리가 붙은 채로 이륙하면 문제가 발생할 수 있다는 상반된 내용을 연결해주고 있어 '그러나, 하지만'과 같은 역접의 접속사가 위치하는 것이 적절하다. 두 번째 빈칸은 서리 착빙에 이어 거친 착빙에 대한 설명을 연결해주고 있어 '다음으로'가 적절하다.

6 ③

쌀의 탄생 배경과 널리 쓰이는 구분법에 의한 종류에 대해 언급하고 있는 글이므로 '쌀의 역사와 종류'를 제목으로 보는 것이 가장 적절하다.

7 ②

② 윗글에서는 기존의 주장을 반박하는 방식의 서술 방식은 찾아볼 수 없다.

8 ③

③ 액체와 기체는 물질의 상태라는 한 영역 안에 있지만 물질의 상태에는 액체와 기체 외에도 고체 등이 존재하므로 상호 배타적이지 않다.

① 앞과 뒤는 방향 반의어이다.

② 삶과 죽음은 상보 반의어이다.

④ '크다'와 '작다'는 등급 반의어이다.

⑤ '오른쪽'과 '왼쪽'은 방향 반의어이다.

9 ②

㉠ A의 진술이 참이고, E의 진술이 거짓인 경우

A	B	C	D	E
목격자 ○				범인 ×

B, E의 진술이 거짓이므로, 세 번째 조건에 의해 C, D의 진술은 참

범인은 C가 되고 A의 진술은 참이 된다.

A	B	C	D	E
목격자 ○	×	범인 ○		범인 ×

결국 C, E가 범인이고 첫 번째 조건에 부합한다.
범인이 아닌 사람은 A, B, D이다.

㉡ A의 진술이 거짓이고 E의 진술이 참인 경우

A	B	C	D	E
×				~범인 ○

A의 진술이 거짓이므로 D의 진술도 거짓

A	B	C	D	E
×			×	~범인 ○

A, D의 진술이 거짓이므로, 세 번째 조건에 의해 B, C의 진술은 참

범인은 C, 목격자는 B가 된다.

A	B	C	D	E
×	목격자 ○	범인 ○	×	~범인 ○

범인이 아닌 사람은 B, E이다.
㉠㉡을 종합하여 보면 반드시 범인이 아닌 사람은 B가 된다.

10 ③

㉠ 악취 요인 A : 버섯과 술을 마셨을 때 악취 발생, 버섯은 먹고 술은 마시지 않았을 때는 악취가 발생하지 않았다.

㉡ 미각 상실 원인 B : 버섯을 먹고 술을 마시거나 마시지 않아도 발병했다. 또한 B는 물에 끓여도 효과가 약화되지 않는다는 것도 알 수 있다.

㉢ 백혈구 감소 물질 C : ㉡과 같이 물에 끓여도 효과가 약화되지 않는다. 만약 물에 끓여 효과가 약화된다면 을은 백혈구 감소가 나타나지 않아야 한다.

11 ②

㉡ 갑 = 을
㉢ 을 ∩ 병, 갑 ×
㉣ 갑 ×, 정 ×
㉤ 정 ×, 병 × . 갑 ○
㉥ 갑 ×, 무 ×
㉦ 무 ○, 병 × 이것을 정리해 보면 ㉣㉤에 의해 갑 가담, 갑이 가담하면 을도 가담
㉢에 의해 을이 가담했으므로 병도 가담
㉤에 의해 정도 가담 무만 가담하지 않음을 알 수 있다.

12 ③

• A가 선정되면 B도 선정된다.
　→ A→B … ⓐ
• B와 C가 모두 선정되는 것은 아니다.
　→ ~(B∧C)=~B∨~C … ⓑ
• B와 D 중 적어도 한 도시는 선정된다.
　→ B∨D … ⓒ
• C가 선정되지 않으면 B도 선정되지 않는다.
　→ ~C→~B … ⓓ
ⓑ와 ⓓ를 통해 ~B는 확정
ⓐ와 ~B를 통해 ~A도 확정
ⓒ와 ~B를 통해 D도 확정
㉠ A와 B 가운데 적어도 한 도시는 선정되지 않는다.
　→ 참
㉡ B도 선정되지 않고, C도 선정되지 않는다.
　→ B는 선정되지 않지만 C는 모름
㉢ D는 선정된다. → 참

13 ⑤

- 지원자 중 3명 선발
- 과장을 선발할 경우 동일 부서에 근무하는 직원을 1명 이상 함께 선발, 어학 능력 '하'인 직원을 선발한다면 어학 능력 '상'인 직원도 선발
- 근무평정이 70점 이상, 2년 이상 경과하지 않은 직원 선발 불가 → A 탈락
- 기술본부 직원을 1명 이상 선발 → F 선발

보기를 보면 ③과 ⑤으로 함축되는데 ③ 사업본부 B과장을 선발하면 동일 부서 직원을 함께 선발해야 하는데 G사원은 어학능력이 '하'이므로 '상'인 직원도 선발해야 하므로 D팀장이 선발되어야 한다. 반드시 F는 선발되어야 하므로 성립되지 않는다. 그러므로 ⑤가 정답이 된다.

14 ②

A가 참이면 A=금, B=은, C=×
B가 참이면 A=금, B=×, C=은
C가 참이면 모순이 된다.
그러므로 항상 옳은 것은 '상자 A에는 금반지가 있다'가 된다.

15 ②

㉠과 ㉢, ㉣에 의해 E > B > A > C이다.
㉡에서 D는 C보다 나이가 적으므로 E > B > A > C > D 이다.

16 ③

D가 치과의사라면 ㉣에 의해 C는 치과의사가 되지만 그렇게 될 경우 C와 D 둘 다 치과의사가 되기 때문에 모순이 된다. 이를 통해 D는 치과의사가 아님을 알 수 있다. ㉡과 ㉤ 때문에 B는 승무원, 영화배우가 될 수 없다. ㉥을 통해서는 B가 국회의원이 아니라 치과의사라는 사실을 알 수 있다. ㉣에 의해 C는 치과의사가 아니므로 D는 국회의원이라는 결론을 내릴 수 있다. 또한 ㉢에 의해 C는 영화배우가 아님을 알 수 있다. C는 치과의사도, 국회의원도, 영화배우도 아니므로 승무원이란 사실을 추론할 수 있다. 나머지 A는 영화배우가 될 수밖에 없다.

17 ⑤

문제에 제시된 대화에서 A변호사는 I-Message의 대화스킬을 활용하고 있다. ⑤번은 I-Message가 아닌 You-Message에 대한 설명이다. 상대에게 일방적으로 강요, 공격, 비난하는 느낌을 전달하게 되면 상대는 변명하려 하거나 또는 반감, 저항, 공격성 등을 보이게 된다.

18 ②

갈등해결 방법
㉠ 다른 사람들의 입장을 이해한다.
㉡ 사람들이 당황하는 모습을 자세하게 살핀다.
㉢ 어려운 문제는 피하지 말고 맞선다.
㉣ 자신의 의견을 명확하게 밝히고 지속적으로 강화한다.
㉤ 사람들과 눈을 자주 마주친다.
㉥ 마음을 열어놓고 적극적으로 경청한다.
㉦ 타협하려 애쓴다.
㉧ 어느 한쪽으로 치우치지 않는다.
㉨ 논쟁하고 싶은 유혹을 떨쳐낸다.
㉩ 존중하는 자세로 사람들을 대한다.

19 ②

효과적인 팀은 결국 결과로 이야기할 수 있어야 한다. 필요할 때 필요한 것을 만들어 내는 능력은 효과적인 팀의 진정한 기준이 되며, 효과적인 팀은 개별 팀원의 노력을 단순히 합친 것 이상의 결과를 성취하는 능력을 가지고 있다. 이러한 팀의 구성원들은 지속적으로 시간, 비용 및 품질 기준을 충족시켜 준다. 결과를 통한 '최적의 생산성'은 바로 팀원 모두가 공유하는 목표이다.
선택지에 주어진 것 이외에도 효과적인 팀의 특징으로는 '팀의 사명과 목표를 명확하게 기술한다.', '창조적으로 운영된다.', '리더십 역량을 공유하며 구성원 상호 간에 지원을 아끼지 않는다.', '팀 풍토를 발전시킨다.' 등이 있다.

20 ①

T그룹에서 워크숍을 하는 이유는 직원들 간의 단합과 화합을 키우기 위해서이고 또한 각 부서의 장에게 나름대로의 재량권이 주어졌으므로 위의 사례에서 장부장이 할 수 있는 행동으로 가장 적절한 것은 ①번이다.

21 ②

② 협상 상대가 협상에 대하여 책임을 질 수 있고 타결권한을 가지고 있는 사람인지 확인하고 협상을 시작해야 한다. 최고책임자는 협상의 세부사항을 잘 모르기 때문에 협상의 올바른 상대가 아니다.

22 ④

④ 갈등해결방법 모색 시에는 논쟁하고 싶은 유혹을 떨쳐내고 타협하려 애써야 한다.

23 ③

갈등해결방법의 유형
- ㉠ 회피형 : 자신과 상대방에 대한 관심이 모두 낮은 경우 (나도 지고 너도 지는 방법)
- ㉡ 경쟁형 : 자신에 대한 관심은 높고 상대방에 대한 관심은 낮은 경우(나는 이기고 너는 지는 방법)
- ㉢ 수용형 : 자신에 대한 관심은 낮고 상대방에 대한 관심은 높은 경우(나는 지고 너는 이기는 방법)
- ㉣ 타협형 : 자신에 대한 관심과 상대방에 대한 관심이 중간 정도인 경우(타협적으로 주고받는 방법)
- ㉤ 통합형 : 자신은 물론 상대방에 대한 관심이 모두 높은 경우(나도 이기고 너도 이기는 방법)

24 ④

①②③ 전형적인 독재자 유형의 특징이다.
※ 파트너십 유형의 특징
- ㉠ 평등
- ㉡ 집단의 비전
- ㉢ 책임 공유

25 ①

첫 번째 숫자를 두 번째 숫자로 나누었을 때의 나머지가 세 번째 숫자가 된다.
$22 \div 4 = 5 \cdots 2$, $19 \div 3 = 6 \cdots 1$, $37 \div 5 = 7 \cdots 2$, $5 \div 3 = 1 \cdots 2$, $54 \div 6 = 9 \cdots \underline{0}$

26 ②

일의 자리에 온 숫자를 그 항에 더한 값이 그 다음 항의 값이 된다.
$78 + 8 = 86$, $86 + 6 = 92$, $92 + 2 = 94$, $94 + 4 = 98$, $98 + 8 = 106$, $106 + 6 = 112$

27 ①

- 앞의 항의 분모에 2^1, 2^2, 2^3, ……을 더한 것이 다음 항의 분모가 된다.
- 앞의 항의 분자에 3^1, 3^2, 3^3, ……을 더한 것이 다음 항의 분자가 된다.

따라서 $\dfrac{121 + 3^5}{33 + 2^5} = \dfrac{121 + 243}{33 + 32} = \dfrac{364}{65}$

28 ⑤

피자 1판의 가격을 x, 치킨 1마리의 가격을 y라고 할 때, 피자 1판의 가격이 치킨 1마리의 가격의 2배이므로 $x = 2y$가 성립한다.

피자 3판과 치킨 2마리의 가격의 합이 80,000원이므로, $3x + 2y = 80,000$이고

여기에 $x = 2y$를 대입하면 $8y = 80,000$이므로 $y = 10,000$, $x = 20,000$이다.

29 ④

ⓛ 남자 사원인 동시에 독서량이 5권 이상인 사람은 남자 사원 4명 가운데 '태호' 한 명이다. 1/4=25(%)이므로 옳지 않은 설명이다.

ⓒ 독서량이 2권 이상인 사원 가운데 남자 사원의 비율 : 3/5

인사팀에서 여자 사원 비율 : 2/6

전자가 후자의 2배 미만이므로 옳지 않은 설명이다.

ⓐ $\dfrac{독서량}{전체\ 사원\ 수} = \dfrac{30}{6} = 5$(권)이므로 옳은 설명이다.

ⓔ 해당되는 사람은 '나현, 주연, 태호'이므로 3/6=50(%)이다. 따라서 옳은 설명이다.

30 ②

65세 이상 인구수는 크게 변동이 없는 데 비해, 65세 미만 인구수는 5만여 명에서 64만여 명으로 크게 증가한 것을 알 수 있다.

① 65세 미만 인구수 역시 매년 꾸준히 증가하였다.

③ 2022년과 2023년에는 전년보다 감소하였다.

④ 2022년 이후부터는 5% 미만 수준을 계속 유지하고 있다.

⑤ 증가나 감소가 아닌 변화 전체를 묻고 있으므로 2019년(+351명), 2020년(+318명), 그리고 2022년(-315명)이 된다.

31 ④

① 고혈압 유병률은 2025년에 감소하였고, 당뇨 유병률은 2021년과 2024년에 감소하였다.

② 고혈압 유병률은 2020년과 2025년에는 1.7%, 2023년에는 1.6% 변동이 나타났다.

③ 당뇨 유병률의 변동은 2025년에 2%였다.

⑤ 기대수명은 2020년과 2025년만 0.5세의 변동이 나타났고, 그 외에는 0.5세 이하의 변동이 있었다.

32 ②

㈎ [○] A직업의 경우는 200명 중 35%이므로 200 × 0.35 = 70명, C직업의 경우는 400명 중 25%이므로 400 × 0.25 = 100명이 부모와 동일한 직업을 갖는 자녀의 수가 된다.

㈏ [○] B와 C직업 모두 75%(= 100 - 25)로 동일함을 알 수 있다.

㈐ [×] A직업을 가진 자녀는 (200 × 0.35) + (300 × 0.25) + (400 × 0.25) = 245명이며, B직업을 가진 자녀는 (200 × 0.2) + (300 × 0.25) + (400 × 0.4) = 275명이다.

㈑ [○] 기타 직업을 가진 자녀의 수는 각각 200 × 0.05 = 10명, 300 × 0.15 = 45명, 400 × 0.1 = 40명으로 B직업을 가진 부모가 가장 많다.

33 ③

C2*VLOOKUP(B2,$B$8:$C$10, 2, 0) 상품코드 별 단가가 수직(열)형태로 되어 있으므로, 그 단가를 가져오기 위해서는 VLOOKUP함수를 이용해야 되며, 상품코드 별 단가에 수량(C2)를 곱한다. $B$8:$C$10에서 단가는 2열이고 반드시 같은 상품코드 (B2)를 가져와야 되므로, 0 (False)를 사용하여 VLOOKUP (B2,$B$8:$C$10, 2, 0)처럼 수식을 작성해야 한다.

34 ③

MID(text, start_num, num_chars)는 텍스트에서 원하는 문자를 추출하는 함수이다. 주민등록번호가 입력된 [B1]셀에서 8번째부터 1개의 문자를 추출하여 1이면 남자, 2면 여자라고 하였으므로 답이 ③이 된다.

35 ②

DSUM(데이터베이스, 필드, 조건 범위) 함수는 조건에 부합하는 데이터를 합하는 수식이다. 데이터베이스는 전체 범위를 설정하며, 필드는 보험실적 합계를 구하는 것이므로 "보험실적"으로 입력하거나 열 번호 4를 써야 한다. 조건 범위는 영업2부에 한정하므로 F1:F2를 써준다.

36 ①

㉠ 1회전

5	3	8	1	2

1	3	8	5	2

㉡ 2회전

1	3	8	5	2

1	2	8	5	3

37 ④

㉠ 1회전

55	11	66	77	22

11	55	66	77	22

㉡ 2회전

11	55	66	77	22

11	22	66	77	55

㉢ 3회전

11	22	66	77	55

11	22	55	77	66

38 ②

한 셀에 두 줄 이상 입력하려고 하는 경우 줄을 바꿀 때는 〈Alt〉+〈Enter〉를 눌러야 한다.

39 ①

- RFID : IC칩과 무선을 통해 식품·동물·사물 등 다양한 개체의 정보를 관리할 수 있는 인식 기술을 지칭한다. '전자태그' 혹은 '스마트 태그', '전자 라벨', '무선식별' 등으로 불린다. 이를 기업의 제품에 활용할 경우 생산에서 판매에 이르는 전 과정의 정보를 초소형 칩(IC칩)에 내장시켜 이를 무선주파수로 추적할 수 있다.
- 유비쿼터스 : 유비쿼터스는 '언제 어디에나 존재한다.'는 뜻의 라틴어로, 사용자가 컴퓨터나 네트워크를 의식하지 않고 장소에 상관없이 자유롭게 네트워크에 접속할 수 있는 환경을 말한다.
- VoIP : VoIP(Voice over Internet Protocol)는 IP 주소를 사용하는 네트워크를 통해 음성을 디지털 패킷(데이터 전송의 최소 단위)으로 변환하고 전송하는 기술이다. 다른 말로 인터넷전화라고 부르며, 'IP 텔레포니' 혹은 '인터넷 텔레포니'라고도 한다.

40 ④

수식에서 직접 또는 간접적으로 자체 셀을 참조하는 경우를 순환 참조라고 한다. 열려있는 통합 문서 중 하나에 순환 참조가 있으면 모든 통합 문서가 자동으로 계산되지 않는다. 이 경우 순환 참조를 제거하거나 이전의 반복 계산(특정 수치 조건에 맞을 때까지 워크시트에서 반복되는 계산) 결과를 사용하여 순환 참조와 관련된 각 셀이 계산되도록 할 수 있다.

41 ③

스위치 S를 닫을 때 과도전류 $i(t) = \dfrac{E}{R}\left(1 - e^{-\frac{R}{L}t}\right)$ 이므로

$e_L = L\dfrac{di}{dt} = L\dfrac{d}{dt}\left\{\dfrac{E}{R}\left(1 - e^{-\frac{R}{L}t}\right)\right\} = Ee^{-\frac{R}{L}t}$

42 ③

Q_1, Q_2 사이에 작용하는 쿨롱의 힘은

$F = 9 \times 10^9 \times \dfrac{Q_1 Q_2}{r^2}$[N]이므로 Q_3에 관계가 없다.

그러므로 $F = F'$

43 ⑤

$S = \pi a^2$이므로

$L_0 = \mu n^2 S = \mu n^2 \cdot \pi a^2 = \mu \pi a^2 n^2$[H/m]

44 ④

교류전압이 인가된 경우 변위전류

$i_0 = i_d \times S = \dfrac{\partial D}{\partial t} \times S = \dfrac{\partial(\epsilon E)S}{\partial t}$

$= \dfrac{\epsilon}{d} \cdot \dfrac{\partial VS}{\partial t} = \dfrac{\epsilon S}{d} V_s \omega \cos \omega t$

$= \omega C V_s \cos \omega t$[A]

45 ③

패러데이의 법칙에 의한 유도기전력은 쇄교되는 자속 수의 매초 변화율에 비례한다.

$e = -N\dfrac{d\phi}{dt}$[N]

46 ②

역률 $\cos\theta = \dfrac{\text{유효전력}}{\text{피상전력}}$ 이므로 전압과 전류의 위상차의 여현값이다.

47 ③

$P = \dfrac{1}{2}\left(V_{m1} I_{m1} \cos\theta_1 + V_{m2} I_{m2} \cos\theta_2 + \cdots\right)$

$P = \dfrac{1}{2}\left(50 \times 4 \times \cos 30°\right) = 86.6$[W]

48 ③

영상전류 $I_0 = \dfrac{1}{3}(I_a + I_b + I_c)$[A]

정상전류 $I_1 = \dfrac{1}{3}(I_a + aI_b + a^2 I_c)$[A]

역상전류 $I_2 = \dfrac{1}{3}(I_a + a^2 I_b + aI_c)$[A]

따라서 위 식에서 각 상의 전류 I_a, I_b, I_c를 구하면,

$I_a = I_0 + I_1 + I_2$

$I_b = I_0 + a^2 I_1 + aI_2$

$I_c = I_0 + aI_1 + a^2 I_2$

49 ③

전지의 기전력을 E, 내부저항을 r이라 하면

기전력 $E = I(r + R)$이므로 $E = 3 \times 3 = 9$[V]

$R_0 = \dfrac{0.5 \times 3}{3} + 1.5 = 2.0$[Ω]

부하전류 $I = \dfrac{E}{R_0} = \dfrac{9}{2} = 4.5$[A]

50 ③

파형률$=\dfrac{\text{실효치}}{\text{평균치}}$, 파고율$=\dfrac{\text{최대치}}{\text{실효치}}$

종별	실효치		평균치		파형률	파고율
	전파	반파	전파	반파		
구형파	최대치	$\dfrac{\text{최대치}}{\sqrt{2}}$	최대치	$\dfrac{\text{최대치}}{2}$	1	1
정현파	$\dfrac{\text{최대치}}{\sqrt{2}}$	$\dfrac{\text{최대치}}{\sqrt{2}}$	$\dfrac{\text{최대치}\times 2}{\pi}$	$\dfrac{\text{최대치}}{\pi}$	1.11	1.414
삼각파	$\dfrac{\text{최대치}}{\sqrt{3}}$	$\dfrac{\text{최대치}}{\sqrt{6}}$	$\dfrac{\text{최대치}}{2}$	$\dfrac{\text{최대치}}{4}$	1.155	1.732
제형파	$\dfrac{\sqrt{5}}{3}\times$ 최대치		$\dfrac{2}{3}\times$ 최대치		1.118	1.34

51 ②

평균치는 파형의 면적을 구하여 $\dfrac{T}{2}$로 나누면 된다.

면적 $A=\dfrac{1}{2}\times 10\times \dfrac{T}{4}\times 2=2.5T$

평균치 $V_a=\dfrac{2.5T}{\dfrac{T}{2}}=5$

52 ②

전기력선은 도체 내부에 존재하지 않는다.

53 ②

$x=\epsilon_0(\epsilon_s-1)=\epsilon_0\times(4-1)=3\epsilon_0[\text{F/m}]$

54 ①

두 전극 간에 공기만 존재할 때의 정전용량

$C_0=\dfrac{\epsilon_0 S}{d}[\text{F}]$

두 전극 간의 일부에 비유전율 ϵ_s를 삽입한 후에 있어서 비유전율 ϵ_s가 채워지지 않은 부분의 정전용량을 C_1이라

하면 $C_1=\dfrac{\epsilon_0\cdot\dfrac{1}{2}S}{d}=\dfrac{1}{2}C_0[\text{F}]$

비유전율 ϵ_s가 채워진 부분의 정전용량을 C_2라 하면

$C_2=\dfrac{\epsilon_0\epsilon_s\cdot\dfrac{1}{2}S}{d}=\dfrac{1}{2}\epsilon_s C_0[\text{F}]$

따라서 합성 정전용량은 두 콘덴서의 병렬 연결과 같으므로

$C=C_1+C_2=\dfrac{1}{2}C_0+\dfrac{1}{2}\epsilon_s C_0=\dfrac{(1+\epsilon_s)}{2}C_0[\text{F}]$

55 ①

$N_A=100$회, $N_B=400$회, $L_A=4[\text{H}]$

상호 인덕턴스 $M=\dfrac{N_B}{N_A}L_A=\dfrac{400}{100}\times 4=16[\text{H}]$

56 ③

가우스 정리에 의해 $\displaystyle\int_s Eds=\dfrac{\lambda}{\epsilon_0}$,

$E\times 2\pi r\times 1=\dfrac{\lambda}{\epsilon_0}$

선전하에 의한 전계 $E=\dfrac{\lambda}{2\pi\epsilon_0 r}[\text{V/m}]$

57 ②

무한장 직선 전류에 의한 자계

$$H = \frac{I}{2\pi d} = \frac{I}{2\pi \times 0.1} = 100 [\text{A/m}]$$

전류 $I = 100 \times 2\pi \times 0.1 = 20\pi [\text{A}]$

0.1[m] 떨어진 점의 자계

$$H = \frac{I}{2\pi d} = \frac{I}{2\pi \times 0.1} = 100 [\text{A/m}]$$

전류 $I = 100 \times 2\pi \times 0.1 = 20\pi [\text{A}]$

그러므로 0.4[m] 떨어진 점의 자계

$$H = \frac{I}{2\pi d} = \frac{20\pi}{2\pi \times 0.4} = 25 [\text{A/m}]$$

58 ②

비례 추이를 할 수 있는 전동기는 권선형 유도 전동기로서 2차 저항의 가감을 통하여 토크 등을 변화시킬 수 있다.

59 ②

동기 전동기를 무부하 상태로 운전하고 여자전류를 가감하면 1차에 유입하는 전류는 거의 무효분 뿐이며 과여자 해주면 진상전류, 부족여자 해주면 지상전류가 된다. 이러한 특성을 이용해서 동기 전동기를 전력계통의 전압조정 및 역률 개선에 사용하는 것이 동기 조상기이다. 전력계통에 조상기를 설치하여 이것을 과여자해서 운전하면 조상기는 선로에서 진상전류를 취하여 일종의 콘덴서 역할을 하므로 송전선 역률을 개선하고 전압 강하를 감소시킨다. 반대로 발전기가 무부하 송전선에 연결되어 자기여자를 일으키는 경우 조상기가 부족여자로 운전되므로 일종의 리액터가 되어 선로에서 지상전류를 취하고 자기여자를 방지한다.

자기여자작용이란 장거리 고압 송전선을 무부하로 충전하는 동기발전기는 앞선 전류에 의해 전압이 점차 상승되어 정상전압까지 확립되어 가는데, 이러한 현상을 동기발전기의 자기여자작용이라고 한다.

이를 방지하기 위한 방법으로는

㉠ 발전기 2대 또는 3대를 병렬로 모선에 접속한다.

㉡ 수전단에 동기조상기를 접속하고 이것을 부족여자로 운전한다.

㉢ 송전 선로의 수전단에 변압기를 접속한다.

㉣ 수전단에 리액턴스를 병렬로 접속한다.

㉤ 발전기의 단락비를 크게 한다.

60 ④

게이트 개방 상태에서 사이리스터가 도통되고 있을 때, 그 상태를 유지하기 위한 최소의 순전류를 유지전류라 하고 턴온되려고 할 경우에는 이 이상의 순전류가 필요하며, 확실히 턴온되기 위해서 필요한 최소의 순전류를 래칭 전류라 한다.

61 ②

제동 권선의 효과

㉠ 난조 방지

㉡ 불평형 부하시의 전류 전압 파형 개선

㉢ 송전선의 불평형 단락시 이상 전압 방지

㉣ 기동하는 경우 유도 전동기의 농형 권선으로서 기동 토크를 발생

62 ④

보극이 없는 직류기에서는 정류를 잘 되게 하기 위하여 브러시를 이동시켜야 하는데 발전기의 경우에는 회전 방향으로 브러시를 이동시키고, 전동기의 경우에는 회전 방향과 반대 방향으로 브러시를 이동시켜야 한다.

63 ②

$V = 300[\text{V}]$, $I_a = 50[\text{A}]$, $R_a = 0.2[\Omega]$이므로

$V = E + I_a R_a [\text{V}]$

$$R = \frac{V - E}{I_a} = \frac{300 - 0}{50 \times 1.2} = 5 [\Omega]$$

$R_{st} = R - R_a = 5 - 0.2 = 4.8 [\Omega]$

64 ④

무부하 시험은 무부하 전류와 전력을 측정하여 여자 어드미턴스와 철손을 알 수 있다.

65 ④

변류기 2차측을 개방하면 1차 부하전류에 의해 제5고조파가 발생하여 이상전압이 발생한다. 제5고조파로 인한 2차측 절연 보호를 위하여 변류기 개방시 2차측을 단락시켜야 한다.

66 ①

병렬 리액터는 송전선로에 리액터를 병렬로 설치하여 선로에 지상 무효전력을 공급하여 페란티 현상을 방지한다.

67 ④

리클로저는 배전선로에서 부하 측에 고장이 발생하면 배전선로는 자동으로 ON/OFF를 4회까지 동작하는 차단기이다.

68 ③

캐스케이딩 현상 … 뱅킹 배전방식으로 운전 중 건전한 변압기 일부가 고장이 발생하면 부하가 다른 건전한 변압기에 걸려서 고장이 확대되는 현상이다.

69 ③

선로에 직렬콘덴서를 삽입하여 선로 리액턴스를 보상한다. 지상전류가 흐르는 송전선로에 직렬로 콘덴서를 삽입하면 $X = X_L - X_C$이므로 송전선로의 유도성 리액턴스는 감소한다. 즉, 송전선로의 직렬 리액턴스를 보상시켜 선로의 전압강하를 감소시킨다.

70 ④

가공 송전선로와 지중 송전선로의 비교

구분	가공 송전선로	지중 송전선로
계통구성	• 수지상 방식 • 연계 방식 • 예비선 절체방식	• 환상 방식 • 망상 방식 • 예비선 절체방식
공급능력	동일 루트에 4회선 이상 곤란하여 전력공급에 한계	• 동일 루트에 다회선이 가능 • 도심지역에 적합
건설비	지중설비에 비해 저렴	건설 비용 고가
건설기간	단기간 소요	장기간 소요
외부영향	전력선 접촉이나 기상조건에 따라 정전 빈도가 높음	외부 기상 여건 등의 영향이 거의 없음
고장형태	수목 접촉 등 순간 및 영구사고 발생	외상사고, 접속 개소 시공 불량에 의한 영구 사고 발생
고장복구	고장점 발견과 복구 용이	고장점 발견이 어렵고 복구가 어려움
유지보수	설비의 지상 노출로 보수 업무가 많음	설비의 단순 고도화로 보수 업무가 비교적 적음
유도장해	유도장해 발생	차폐 케이블 사용으로 유도장해 경감
송전용량	발생열의 냉각이 수월해 송전용량이 높음	발생열의 구조적 냉각 장해로 가공전선에 비해 낮음
안전도	충전부의 노출로 적정 이격거리 확보	충전부의 절연으로 안전성 확보
설비보안	지상 노출로 설비 보안 유지 곤란	지하시설로 설비 보안 유지 용이
환경미화	도심 환경 저해 요인	쾌적한 도심 환경 조성
신규수용	신규 수요에 신속 대처 가능	설비 구성상 신규수용 대응 탄력성 결여
이미지	• 전통적 전력설비 • 위험설비	• 전력설비의 현대화 • 설비 안전성 이미지 제고

71 ④

특성 방정식 $LCS^2 + RCS + 1 = 0$인 S값을 구하여 제곱근에 나타난 특성을 파악하여야 한다.

$R^2 - \dfrac{4L}{C}$값을 기준으로 하여 이 값이 음(−)수가 되어야 감쇠진동(부족제동) 조건에 만족할 수 있다.

$$R < 2\sqrt{\dfrac{L}{C}}$$

72 ②

자기 회로의 단면적을 $S[\text{m}^2]$, 길이를 $l[\text{m}]$, 투자율을 μ라 하면

자기 저항 $R_m = \dfrac{l}{\mu S} = \dfrac{l}{\mu_0 \mu_s S} [\text{AT/Wb}]$

73 ②

$l \gg l_g$이므로 자기 저항은 $1 + \dfrac{\mu l_g}{\mu_0 l} = 1 + \mu_s \dfrac{l_g}{l}$ 배이므로

$$\dfrac{R'}{R} = 1 + \dfrac{\mu l_g}{\mu_0 l} = 1 + \mu_s \dfrac{l_g}{l}$$

$$= 1 + 1{,}000 \times \dfrac{1 \times 10^{-3}}{1} = 1 + 1 = 2 \text{배}$$

74 ①

선전하에 의한 전계 $E = \dfrac{Q}{2\pi \epsilon_0 r}$

75 ④

동심구의 전위 $V = \dfrac{Q}{4\pi \epsilon_0} \left(\dfrac{1}{a} - \dfrac{1}{b} + \dfrac{1}{c} \right) [\text{V}]$

전위계수 $P = \dfrac{V}{Q} = \dfrac{1}{4\pi \epsilon_0} \left(\dfrac{1}{a} - \dfrac{1}{b} + \dfrac{1}{c} \right)$

76 ②

평등 자속밀도 $B[\text{Wb/m}^2]$, 길이 $l[\text{m}]$에 직선 전류 $I[\text{A}]$가 흐를 때 도체가 받는 힘의 크기 F는 다음과 같다.

$$F = BIl\sin\theta [\text{N/m}]$$

77 ②

변위 전류밀도 $i_d = \dfrac{\partial D}{\partial t} = \epsilon \dfrac{\partial E}{\partial t} \propto \epsilon [\text{A/m}^2]$

$D = \epsilon E$로서 유전체에 비례한다.

78 ②

난조의 원인

㉠ 원동기의 조속기 감도가 지나치게 예민한 경우

㉡ 원동기의 토크에 고조파 토크를 포함한 경우

㉢ 전기자 회로의 저항이 상당히 큰 값으로 되는 경우

79 ①

동기 전동기에서 전기자 전류의 위상은 공급 전압에 대한 위상을 말하므로 전기자 반작용을 살펴보면 공급 전압은 유기기전력과 반대 방향이 되어 발전기의 경우와 반대가 된다.

㉠ 전기자 전류와 공급 전압이 동상일 경우 : 자화 작용

㉡ 전기자 전류가 공급 전압보다 앞설 경우 : 감자 작용

㉢ 전기자 전류가 공급 전압보다 뒤질 경우 : 증자 작용

80 ④

동기 발전기의 병렬 운전 중 한 쪽의 여자전류를 증가시키면 발전기의 역률은 나빠지고 다른 한 쪽 발전기의 역률은 좋아진다.

》》직업기초능력평가(40문항)

1 ③

어간의 끝음절 '하'가 아주 줄 적에는 준 대로 적는다〈한글 맞춤법 제40항 붙임2〉.
① 윗층 → 위층
② 뒷편 → 뒤편
④ 생각컨대 → 생각건대
⑤ 윗어른 → 웃어른

2 ①

② 철수 뿐이다 → 철수뿐이다
③ 떠난지 → 떠난 지
④ 애 쓴만큼 → 애쓴 만큼
⑤ 대문밖에서 → 대문 밖에서

3 ④

① 초콜렛 → 초콜릿
② 컨셉 → 콘셉트
③ 악세사리 → 액세서리
⑤ 심포지움 → 심포지엄

4 ③

첫 번째 문단에서 문제를 알면서도 고치지 않았던 두 칸을 수리하는 데 수리비가 많이 들었고, 비가 새는 것을 알자마자 수리한 한 칸은 비용이 많이 들지 않았다고 하였다. 또한 두 번째 문단에서 잘못을 알면서도 바로 고치지 않으면 자신이 나쁘게 되며, 잘못을 알자마자 고치기를 꺼리지 않으면 다시 착한 사람이 될 수 있다하며 이를 정치에 비유해 백성을 좀먹는 무리들을 내버려 두어서는 안 된다고 서술하였다. 따라서 글의 중심내용으로는 잘못을 알게 되면 바로 고쳐 나가는 것이 중요하다가 적합하다.

5 ①

주어진 글은 비자발적 행위와 자발적 행위의 상반된 특성에 대해 말하고 있으므로 빈칸에는 ①이 가장 적절하다.

6 ①

② 침묵이나 부작위는 그 자체만으로 승낙이 되지 않는다.
③ 청약자가 지정한 기간 내에 동의의 의사표시가 도달하지 않으면 승낙의 효력이 발생하지 않는다.
④ 청약은 계약이 체결되기까지는 철회될 수 있다.
⑤ 청약은 상대방에게 도달한 때에 효력이 발생한다.

7 ⑤

⑤ 1712년의 법령 반포 이후 지방에서 조세를 징수하는 관료들은 고정된 인두세 총액을 토지세 총액에 병합함으로써 인두세를 토지세에 부가하는 형태로 징수하는 조세 개혁을 추진하기 시작했다.

8 ②

단순히 하천수 사용료의 문제점을 제시한 것이 아니라, 그에 대한 구체적인 대안과 사용료 부과 및 징수를 위한 실효성을 확보해야 한다는 의견이 제시되어 있으므로 문제점 지적을 넘어 전향적인 의미를 지닌 제목이 가장 적절할 것이다.
또한, 제시글은 하천의 관리를 언급하는 것이 아닌, 하천수 사용료에 대한 개선방안을 다루고 있으며, 하천수 사용료의 현실화율이나 지역 간 불균형 등의 요금체계 자체에 대한 내용을 소개하고 있지는 않다.

9 ③

B가 성능이 떨어지는 제품이므로, 다음과 같은 네 가지 경우가 가능하다.

㉠ A > B ≥ C
㉡ A > C ≥ B
㉢ C > A ≥ B
㉣ C > B ≥ A

성능이 가장 좋은 제품은 성능이 떨어지는 두 종류의 제품 가격의 합보다 높으므로, 가격이 같을 수가 없지만, 성능이 떨어지는 두 종류의 제품 가격은 서로 같을 수 있다.

① ㉣의 경우 가능하다.
② ㉢의 경우 가능하다.
④ ㉢, ㉣의 경우 가능하다.
⑤ ㉠, ㉡의 경우 가능하다.

10 ④

㉠ 선박을 보면 A국 전체 수출액에서 차지하는 비중은 $5.0 \to 4.0 \to 3.0$ 으로 매년 줄어드는 데 세계수출시장에서 A국의 점유율은 매번 1.0 으로 동일하다. 이는 세계수출시장 규모가 A국 선박비중의 감소율만큼 매년 감소한다는 것을 나타낸다.

㉡ 백색가전의 세부 품목별 수출액 비중에서 드럼세탁기의 비중은 매년 18.0 으로 동일하나, 전체 수출액에서 차지하는 백색가전의 비중은 $13.0 \to 12.0 \to 11.0$ 로 점점 감소한다.

㉢ 점유율이 전년대비 매년 증가하지 않고 변화가 없거나 감소하는 품목도 있다.

㉣ A국의 전체 수출액을 100으로 보면 항공기의 경우 2025년에는 3이다. 3이 세계수출시장에서 차지하는 비중은 0.1%이므로 A국 항공기 수출액의 1,000배라 볼 수 있다. 항공기 세계수출시장의 규모는 $3 \times 1,000 = 3,000$이므로 A국 전체 수출액의 30배가 된다.

11 ④

① 시청에 근무하는 4급 공무원의 경우 지방직 공무원으로 재산등록 의무자이나 동생은 친족의 범위에 해당하지 않는다.

② 시장은 지방자치단체장으로서 정무직 공무원에 해당하나 본인의 직계비속 중 혼인한 여성의 경우 등록대상 친족의 범위에 포함되지 않으므로 등록대상이 아니다.

③ 도지사 또한 시장과 마찬가지로 정무직 공무원이다. 지식재산권의 경우 소유자별 연간 1천만 원 이상의 소득이 있어야 하므로 등록대상이 아니다.

④ 정부부처 4급 공무원 상당의 보수를 받는 별정직 공무원의 아들이 소유한 승용차는 제한 없이 등록대상이 된다.

⑤ 이혼한 전처는 배우자에 해당되지 않으므로 등록대상이 아니다.

12 ③

제시된 내용을 표로 정리하면

구분	경기장 개수	최대 수용인원	좌석 점유율	경기당 관중수
대도시	5	3만 명	60%	1.8만 명
중소도시	5	2만 명	70%	1.4만 명

① 16만 명은 10개 경기장에서 모두 경기가 열리는 경우의 관중수이다. 매일 5개 경기장에서 각각 한 경기가 열린다고 하였으므로, 1일 최대 관중수는 대도시 경기장 5개에서 모두 경기가 열리는 경우의 9만 명이다.

② 중소도시 경기장의 좌석 점유율이 10% 높아지더라도 경기당 관중수는 1.6만 명 밖에 되지 않으므로 여전히 대도시 경기장 한 곳의 관중수 보다는 적다.

③ 경기가 열리는 경기장에서는 하루에 한 경기만 열리며, 각 경기장에서 열리는 경기 횟수는 모두 동일하므로 한 시즌 전체 누적 관중수는 각 경기장의 경기당 관중수 합계에 비례하는 관계가 성립한다. 올해 시즌의 경우 각 경기장의 경기당 관중수 합계는 16만 명 $[5 \times (1.8 + 1.4)]$이다. 내년 시즌부터 4개의 대도시와 6개의 중소도시에서 경기가 열린다는 것은 올해와 비교했을 때 대도시 경기장 중 하나가 중소도시 경기장으로 바뀌는 것과 같으므로 관중수 합계는 0.4만 명이 줄어든다. 감소율은 $2.5\% \left(\frac{0.4}{16} \times 100 \right)$가 된다.

④ 대도시 경기장의 좌석 점유율이 중소도시 경기장과 같은 70%이고, 최대수용인원은 그대로라면, 대도시 경기장의 경기당 관중수는 2.1만 명이 된다. 따라서 이 경우 ○○리그의 1일 평균 관중수는 최대 10.5만 명이 되므로 11만 명을 초과할 수 없다.

⑤ 중소도시 경기장의 최대수용인원이 대도시 경기장과 같은 3만 명이고 좌석 점유율이 그대로라면, 중소도시 경기장이 경기당 관중수는 2.1만 명이 된다. ○○리그의 1일 평균 관중수는 역시 11만 명을 초과할 수 없다.

13 ①

임 사원을 제외한 모두가 2년에 1일 씩 연차가 추가되므로 각 직원의 연차발생일과 남은 연차일, 통상임금, 연차수당은 다음과 같다.

김 부장 : 25일, 6일, $500 \div 200 \times 8 = 20$만 원,
  $6 \times 20 = 120$만 원

정 차장 : 22일, 15일, $420 \div 200 \times 8 = 16$만 원,
  $15 \times 16 = 240$만 원

곽 과장 : 18일, 4일, $350 \div 200 \times 8 = 14$만 원,
  $4 \times 14 = 56$만 원

남 대리 : 16일, 11일, $300 \div 200 \times 8 = 12$만 원,
  $11 \times 12 = 132$만 원

임 사원 : 15일, 12일, $270 \div 200 \times 8 = 10$만 원,
  $12 \times 10 = 120$만 원

따라서 김 부장과 임 사원의 연차수당 지급액이 동일하다.

14 ⑤

보기의 명제를 대우 명제로 바꾸어 정리하면 다음과 같다.

a. ~인사팀 → 생산팀(~생산팀 → 인사팀)

b. ~기술팀 → ~홍보팀(홍보팀 → 기술팀)

c. 인사팀 → ~비서실(비서실 → ~인사팀)

d. ~비서실 → 홍보팀(~홍보팀 → 비서실)

이를 정리하면 '~생산팀 → 인사팀 → ~비서실 → 홍보팀 → 기술팀'이 성립하고 이것의 대우 명제인 '~기술팀 → ~홍보팀 → 비서실 → ~인사팀 → 생산팀'도 성립하게 된다. 따라서 이에 맞는 결론은 보기 ⑤의 '생산팀을 좋아하지 않는 사람은 기술팀을 좋아한다.' 뿐이다.

15 ⑤

다섯 사람 중 A와 B가 동시에 가장 먼저 작업을 하러 나가게 되었으며, C와 D는 A와 B보다 늦게 작업을 하러 나가게 되었음을 알 수 있다. 따라서 다섯 사람의 순서는 E의 순서를 변수로 다음과 같이 정리될 수 있다.

㉠ E가 두 번째로 작업을 하러 나가게 되는 경우

첫 번째	두 번째	세 번째	네 번째
A, B	E	C 또는 D	C 또는 D

㉡ E가 세 번째로 작업을 하러 나가게 되는 경우

첫 번째	두 번째	세 번째	네 번째
A, B	C 또는 D	E	C 또는 D

따라서 E가 C보다 먼저 작업을 하러 나가게 될 수 있으므로 ⑤와 같은 주장은 옳지 않다.

16 ③

조건대로 고정된 순서를 정리하면 다음과 같다.
• B 차장 → A 부장
• C 과장 → D 대리
• E 대리 → ? → ? → C 과장

따라서 E 대리 → ? → ? → C 과장 → D 대리의 순서가 성립되며, 이 상태에서 경우의 수를 따져보면 다음과 같다.

㉠ B 차장이 첫 번째인 경우라면, 세 번째와 네 번째는 A 부장과 F 사원(또는 F 사원과 A 부장)가 된다.

㉡ B 차장이 세 번째인 경우는 E 대리의 바로 다음인 경우와 C 과장의 바로 앞인 두 가지의 경우가 있을 수 있다.
  – E 대리의 바로 다음인 경우 : A 부장 – E 대리 – B 차장 – F 사원 – C 과장 – D 대리의 순이 된다.
  – C 과장의 바로 앞인 경우: E 대리 – F 사원 – B 차장 – C 과장 – D 대리 – A 부장의 순이 된다.

따라서 위에서 정리된 바와 같이 가능한 세 가지의 경우에서 두 번째로 사회봉사활동을 갈 수 있는 사람은 E 대리와 F 사원 밖에 없다.

17 ④

위 사례는 저돌적인 고객의 유형으로 자신의 방법만이 최선이라 생각하고 타인의 피드백은 받아들이려 하지 않는다. 또한 이러한 상황의 경우 직원에게 하는 것이 아닌 회사의 서비스에 대해 항의하는 것이므로 일선 직원의 경우 이를 개인적인 것으로 받아들여 논쟁을 하거나 화를 내는 일이 없어야 하며 상대의 화가 풀릴 때까지 이야기를 경청해야 한다. 또한 부드러운 분위기를 연출하며 정성스럽게 응대해 고객 스스로가 감정을 추스릴 수 있도록 유도해야 한다.

18 ⑤

OJT는 종업원이 업무에 대한 기술 및 지식을 현업에 종사하면서 감독자의 지휘 하에 훈련받는 현장실무 중심의 교육훈련 방식이므로 각 종업원의 습득 및 능력에 맞춰 훈련할 수 있으며, 상사 또는 동료 간의 이해 및 협조정신을 높일 수 있다는 이점이 있다.

19 ①

〈사례2〉에서 희진은 자신의 업무에 대해 책임감을 가지고 일을 했지만 〈사례1〉에 나오는 하나는 자신의 업무에 대한 책임감이 결여되어 있다.

20 ⑤

빈정거리는 유형의 고객은 상대에 대해서 빈정거리거나 또는 무엇이든 반대하는 열등감 또는 허영심이 강하고 자부심이 강한 사람이다.

21 ⑤

상보성은 자신들의 결여된 특성을 지니고 있는 타인에게 매력을 느끼는 경향이 있는 것을 의미한다.

22 ②

현재 동신과 명섭의 팀에게 가장 필요한 능력은 팀워크능력이다.

23 ②

이 과장은 상대방 측 대표들과 만나서 현재 상황과 이들이 원하는 주장이 무엇인지를 파악한 후 김 실장에게 협상이 가능한 안건을 제시한 것이므로 실질이해 전 단계인 상호이해단계로 볼 수 있다.

※ 협상과정의 5단계
ㄱ 협상시작 : 협상 당사자들 사이에 친근감을 쌓고, 간접적인 방법으로 협상 의사를 전달하며 상대방의 협상 의지를 확인하고 협상 진행을 위한 체계를 결정하는 단계이다.
ㄴ 상호이해 : 갈등 문제의 진행 상황과 현재의 상황을 점검하고 적극적으로 경청하며 자기주장을 제시한다. 협상을 위한 협상안건을 결정하는 단계이다.
ㄷ 실질이해 : 겉으로 주장하는 것과 실제로 원하는 것을 구분하여 실제 원하는 것을 찾아내고 분할과 통합기법을 활용하여 이해관계를 분석하는 단계이다.
ㄹ 해결방안 : 협상 안건마다 대안들을 평가하고 개발한 대안들을 평가하며 최선의 대안에 대해 합의하고 선택한 후 선택한 대안 이행을 위한 실행 계획을 수립하는 단계이다.
ㅁ 합의문서 : 합의문을 작성하고 합의문의 합의 내용 및 용어 등을 재점검한 후 합의문에 서명하는 단계이다.

24 ③

고객 불만 처리 프로세스
경청 → 감사와 공감표시 → 사과 → 해결약속 → 정보파악 → 신속처리 → 처리확인과 사과 → 피드백

25 ③

• 앞의 두 항의 분모를 곱한 것이 다음 항의 분모가 된다.
• 앞의 두 항의 분자를 더한 것이 다음 항의 분자가 된다.

따라서 $\dfrac{2+3}{6 \times 18} = \dfrac{5}{108}$

26 ②

전항의 일의 자리 숫자를 전항에 더한 결과 값이 후항의 수가 되는 규칙이다.
93+3=96, 96+6=102, 102+2=104, 104+4=108, 108+8=116

27 ③

각 조합의 세 개의 숫자 중, 첫 번째와 두 번째 숫자의 십의 자리와 일의 자리 수를 바꾸어 두 수를 더하면 세 번째 숫자가 된다. 72 + 34 = 106, 21 + 53 = 74, 15 + 19 = 34, 6 + 18 = 24. 따라서 22 + 21 = 43이 된다.

28 ②

합격자 120명 중, 남녀 비율이 7 : 5이므로 남자는 $120 \times \frac{7}{12}$명이 되고, 여자는 $120 \times \frac{5}{12}$가 된다. 따라서 남자 합격자는 70명, 여자 합격자는 50명이 된다. 지원자의 남녀 성비가 5 : 4이므로 남자를 $5x$, 여자를 $4x$로 치환할 수 있다. 이 경우, 지원자에서 합격자를 빼면 불합격자가 되므로 $5x - 70$과 $4x - 50$이 1 : 1이 된다. 따라서 $5x - 70 = 4x - 50$이 되어, $x = 20$이 된다. 그러므로 총 지원자의 수는 남자 100명($= 5 \times 20$)과 여자 80명($= 4 \times 20$)의 합인 180명이 된다.

29 ⑤

전체 기업 수의 약 99%에 해당하는 기업은 중소기업이며, 중소기업의 매출액은 1,804조 원으로 전체 매출액의 약 $37.9\% (= \frac{1,804}{2,285 + 671 + 1,804} \times 100)$를 차지하여 40%를 넘지 않는다.
① 대기업이 매출액, 영업이익 모두 가장 높은 동시에, 기업군에 속한 기업 수가 가장 적으므로 1개 기업당 매출액과 영업이익 실적이 가장 높게 나타난다.

30 ④

㉠ 총 투입시간 = 투입인원 × 개인별 투입시간
㉡ 개인별 투입시간 = 개인별 업무시간 + 회의 소요시간
㉢ 회의 소요시간 = 횟수(회) × 소요시간(시간/회)
∴ 총 투입시간 = 투입인원 × (개인별 업무시간 + 횟수 × 소요시간)
각각 대입해서 총 투입시간을 구하면,
A = 2 × (41 + 3 × 1) = 88, B = 3 × (30 + 2 × 2) = 102
C = 4 × (22 + 1 × 4) = 104, D = 3 × (27 + 2 × 1) = 87

업무효율 = $\frac{\text{표준 업무시간}}{\text{총 투입시간}}$이므로, 총 투입시간이 적을수록 업무효율이 높다. D의 총 투입시간이 87로 가장 적으므로 업무효율이 가장 높은 부서는 D이다.

31 ②

㉠ A의 최대보상금액 : 3,800만 원 + 1,500만 원 = 5,300만 원
E의 최대보상금액 : 1,000만 원 + 700만 원 = 1,700만 원
㉡ B의 최대보상금액 : 1억 1,300만 원 + 300만 원 = 1억 1,600만 원
B의 최소보상금액 : 1억 1,600만 원 × 50% = 5,800만 원 → 감액된 경우 가정
㉢ C의 최소보상금액 : (1,000만 원 + 2,100만 원) × 50% = 1,550만 원 → 감액된 경우 가정
㉣ B의 최대보상금액은 1억 1,600만 원이고, 다른 4명의 최소보상금액의 합은 1억 200만 원(A 2,650만 원, C 1,550만 원, D 4,300만 원, E 1,700만 원)이다.

32 ③

감면액이 50%일 경우 최소보상금액은 5,800만 원이고, 감면액이 30%일 경우 최소보상금액은 8,120만 원이므로 2,320만 원이 증가한다.

33 ③

'#NULL!'은 교차하지 않은 두 영역의 교차점을 참조 영역으로 지정하였을 경우 발생하는 오류 메시지이며, 잘못된 인수나 피연산자를 사용했을 경우 발생하는 오류 메시지는 #VALUE! 이다.

34 ⑤

'$'는 다음에 오는 셀 기호를 고정값으로 묶어 두는 기능을 하게 된다. A6 셀을 복사하여 C6 셀에 붙이게 되면, 'A'셀이 고정값으로 묶여 있어 (A)에는 A6 셀과 같은 '$A$1+$A2'의 값 10이 입력된다. (B)에는 '$'로 묶여 있지 않은 2행의 값 대신에 4행의 값이 대응될 것이다. 따라서 '$A$1+$A4'의 값인 9가 입력된다. 따라서 (A)와 (B)의 합은 19가 된다.

35 ②

제시된 내용은 엑셀에서 제공하는 스파크라인 기능에 대한 설명이다.

36 ③

COUNTBLANK 함수는 비어있는 셀의 개수를 세어준다. COUNT 함수는 숫자가 입력된 셀의 개수를 세어주는 반면 COUNTA 함수는 숫자는 물론 문자가 입력된 셀의 개수를 세어준다. 즉, 비어있지 않은 셀의 개수를 세어주기 때문에 이 문제에서는 COUNTA 함수를 사용해야 한다.

37 ①

LOOKUP은 LOOKUP(찾는 값, 범위 1, 범위 2)로 작성하여 구한다.
VLOOKUP은 범위에서 찾을 값에 해당하는 열을 찾은 후 열 번호에 해당하는 셀의 값을 구하며, HLOOKUP은 범위에서 찾을 값에 해당하는 행을 찾은 후 행 번호에 해당하는 셀의 값을 구한다.

38 ④

$n=1$, $A=3$
$n=1$, $A=2 \cdot 3$
$n=2$, $A=2^2 \cdot 3$
$n=3$, $A=2^3 \cdot 3$
...
$n=11$, $A=2^{11} \cdot 3$
∴ 출력되는 A의 값은 $2^{11} \cdot 3$이다.

39 ②

ROUND(number, num_digits)는 반올림하는 함수이며, ROUNDUP은 올림, ROUNDDOWN은 내림하는 함수이다. ROUND(number, num_digits)에서 number는 반올림하려는 숫자를 나타내며, num_digits는 반올림할 때 자릿수를 지정한다. 이 값이 0이면 소수점 첫째자리에서 반올림하고 -1이면 일의자리 수에서 반올림한다. 따라서 주어진 문제는 소수점 첫째자리에서 반올림하는 것이므로 ②가 답이 된다.

40 ①

RANK(number, ref, [order]) : number는 순위를 지정하는 수이므로 B2, ref는 범위를 지정하는 것이므로 $B$2:$B$8이다. oder는 0이나 생략하면 내림차순으로 순위가 매겨지고 0이 아닌 값을 지정하면 오름차순으로 순위가 매겨진다.

41 ②

자기 저항에는 줄손실에 해당되는 손실이 없다.

42 ④

전기 저항 $R=\rho\dfrac{l}{s}$[Ω]으로 체적을 동일하게 유지하면서 2배의 길이로 늘리면 단면적은 2배 감소하며, 저항은 4배로 증가한다.

43 ①

동기 전동기의 전기자 반작용 ⋯ 전기자 권선에 누설전류가 흐르면 누설자속에 의해 전기자 반작용이 나타난다.

㉠ 전압, 전류 동상 : 횡축 반작용 – 편자 작용

㉡ 전압보다 90° 늦은 전류 : 자화 작용

㉢ 전압보다 90° 앞선 전류 : 감자 작용

44 ⑤

직류 직권 전동기는 부하가 변화하면 속도가 현저히 변하는 특성을 가지므로 무부하에 가까워지면 속도가 매우 상승하여 원심력으로 파괴될 염려가 발생한다. 직류 분권 전동기는 무부하로 운전 중 계자회로가 단선되는 순간 Φ가 0이 되기 때문에 과속도가 되어 매우 위험하다.

45 ④

우드브리지 결선은 3상에서 2상을 얻는 결선이다.

46 ④

$v=v_1+v_2$

$\quad=20\angle 0°+50\angle(90°-30°)$

$\quad=20+50(\cos 60°+j\sin 60°)$

$\quad=20+50(0.5+j0.5\sqrt{3})=45+j25\sqrt{3}$

$|v|=\sqrt{45^2+(25\sqrt{3})^2}=\sqrt{3,900}$

47 ④

전달함수

$$G=\frac{e_o}{e_i}=\frac{I(s)\cdot sL}{I(s)(R+sL)}=\frac{\dfrac{sL}{R}}{\dfrac{sL}{R}+1}=\frac{Ts}{Ts+1}$$

48 ④

① 비례요소

② 적분요소

③ 미분요소

④ 1차 지연요소

49 ③

$P=3I^2R$에서 $R=\dfrac{P}{3I^2}=\dfrac{4\times 10^3}{3\times 10^2}=\dfrac{40}{3}$[A]

50 ④

2전력계법의 유효전력

$P=W_1+W_2=500+300=800$[W]

51 ①

각 분기에 흐르는 전류를 각각 I_1, 가운데 4[Ω]에 흐르는 전류를 I_2, 오른쪽을 I_3라고 하여 키르히호프의 법칙으로 구하면 된다.

키르히호프 제1법칙 – $I_1+I_2+I_3=0$

키르히호프 제2법칙 – $4I_1-4I_3=6$

키르히호프 제2법칙 – $4I_3-2I_2=-4$

이를 연립하여 계산하면 $I_1=0.625$[A], $I_2=0.25$[A], $I_3=-0.875$[A]

52 ①

반지름이 a인 도체구에 전하 Q를 줄 때 무한대와 도체 사이의 전위차, 즉 도체구의 전위 V는 다음과 같다.

$V = \dfrac{Q}{4\pi\epsilon_0 a}$[V]이므로

$C = \dfrac{Q}{V} = \dfrac{Q}{\dfrac{Q}{4\pi\epsilon_0 a}} = 4\pi\epsilon_0 a = \dfrac{1}{9\times 10^9}$

53 ④

$R_m = \dfrac{l}{\mu S} = \dfrac{l}{\mu_0\mu_s S} = \dfrac{0.8}{4\pi\times 10^{-7}\times 20\times 0.5}$

$\qquad = 6.37\times 10^4$ [AT/Wb]

54 ③

$a = 10$[cm] $= 0.1$[m], $d = 1$[m],

$Q = e = -1.602\times 10^{-19}$[C]이므로

$Q' = -\dfrac{a}{d}Q = -\dfrac{0.1}{1}\times -1.602\times 10^{-19}$

$\qquad = 1.602\times 10^{-20}$[C]

55 ③

열차의 차축이 수직 분력을 절단할 때의 기전력

$e = vBl$

$\quad = \dfrac{60\times 10^3}{3,000}\times 0.15\times 10^{-4}\times 1.5 = 3.75\times 10^{-4}$[V]

56 ④

길이 $l = 2\pi a_m M$에서 $a_m = \dfrac{l}{2\pi M}$, $a_n = \dfrac{l}{2\pi N}$

원형 코일에 의한 자계 $B = \dfrac{I}{2a}$[AT/m]이고, 코일의 권수

가 n이라면 $H = \dfrac{nI}{2a}$[AT/m]

그러므로 $\dfrac{H_M}{H_N} = \dfrac{\dfrac{MI}{2a_m}}{\dfrac{NI}{2a_n}} = \dfrac{\dfrac{MI}{2\times\dfrac{l}{2\pi M}}}{\dfrac{NI}{2\times\dfrac{l}{2\pi N}}} = \left(\dfrac{M}{N}\right)^2$

57 ③

평행판의 정전용량 $C = \dfrac{\epsilon_0\epsilon_s S}{d}$[F]

58 ④

직권 전동기와 토크는 $T\propto I^2$에 비례하므로

$T = 10\times\left(\dfrac{80}{100}\right)^2 = 6.4$[kg · m]

59 ②

계자 전류가 증가하면 부함 분담도 증가하고 계자 전류가 감소하면 부하 분담도 감소하게 된다.

60 ③

변압기의 철심에는 투자율과 저항률이 크고 히스테리시스 손이 작은 규소 강판을 사용한다. 규소의 함유량은 4~4.5% 정도이고, 현재 변압기에 사용되고 있는 철판의 두께는 0.3mm 또는 0.35mm 두 종류가 있다.

61 ④

단상 직권 정류자 전동기는 교류 및 직류 양용이므로 만능 전동기라고도 불린다. 보상 권선을 갖지 않는 단상 직권 전동기는 가정용 미싱, 영사기, 소형 공구 등의 75W 이하의 소용량 전동기로 사용되고, 그 이상의 용량인 것은 보상 권선을 소유한 단상 직권 전동기가 사용된다.

62 ②

유도 전동기는 부하 토크의 증가와 함께 속도가 동기 속도에서 감소한다.

63 ③

균압선의 목적은 병렬 운전을 안정하게 하기 위하여 설치하는 것으로 일반적으로 직권 및 복권 발전기에서는 직권 계자 권선에 흐르는 전류에 의하여 병렬 운전이 불안정하게 되므로 균압선을 설치하여 직권 계자 권선에 흐르는 전류를 균등하게 분류하도록 한다.

64 ②

동기 리액턴스가 커지면 전압 변동률이 커지고 단락비가 감소한다. 또한 동기화력은 동기 리액턴스에 반비례하므로 작아진다.

65 ②

3상 선로에서 각 상전압의 지표상 높이가 같고 상호간의 선간거리도 같게 배치하지 않으면 각 선의 인덕턴스와 정전용량 등은 불평형이 되며, 불평형 선로에 평형전압을 가하더라도 수전단의 파형은 평형을 유지하기 힘들다. 송전 선로를 설계시 선로정수를 각 상마다 동일하게 만들기란 쉬운 일이 아니나, 선로정수를 최대한 평행하게 만들기 위하여 실제의 송전 선로에서는 전체 길이를 세 구간으로 나누거나 혹은 세 배수의 구간으로 등분하고, 등분된 장소에 개폐소 혹은 연가용 철탑을 두어 송전선의 위치를 바꾸도록 하며, 이를 전 구간에 적용하여 송전선의 위치가 완전히 일순하도록 하고 있다. 이렇게 송전선을 꼬아 위치를 바꾸는 것을 연가(Transposition)라고 하며, 연가를 실시함으로써 선로정수를 평형시켜 유도장해를 방지한다.

66 ③

점검시에는 차단기로 부하회로를 끊고 난 다음 단로기를 열어야 하며 점검 후에는 단로기를 넣은 후 차단기를 넣어야 한다.

67 ④

배전선로의 경우 3상 4선식, 송전선로의 경우 3상 3선식을 가장 많이 사용한다.

68 ④

복도체를 사용하면 동일한 단면적의 단도체에 비하여 인덕턴스는 20% 정도 감소하고 정전용량은 20% 정도 증가하므로 송전용량이 증가한다.

69 ④

거리계전기(distance realy) ⋯ 전압과 전류의 비가 일정치 이하인 경우에 동작하는 계전기이다. 실제로 전압과 전류의 비는 전기적인 거리, 즉 임피던스를 나타내므로 거리계전기라는 명칭을 사용하며 송전선의 경우는 선로의 길이가 전기적인 길이에 비례하므로 이 계전기를 사용 용이하게 보호할 수 있게 된다. 거리계전기에는 동작특성에 따라 임피던스형, 모우(MHO)형, 리액턴스형, 오옴(OHM)형, 오프셋모우(off set mho)형 등이 있다.

㉠ 임피던스(impedance)형 거리계전기 : 계전기 설치점에서 측정된 전압과 전류의 절대치 크기만의 비가 일정치 이하일 때 동작하는 거리계전기로 방향특성을 갖지 못하며 임피던스의 절대치 크기에 따라 동작한다.

㉡ 모우(MHO)형 거리계전기 : 방향특성을 갖는 거리계전기로 모우(MHO)라는 명칭의 의미는 동작원리에서 볼 때 임피던스(단위 : ohm)의 역수 즉 어드미턴스(admittance, 단위 : mho)의 일정 각도에 대한 성분의 크기가 일정치 이상인 경우 동작하는 계전기이다.

㉢ 리액턴스(reactance)형 거리계전기 : 측정된 임피던스 중 리액턴스 성분의 크기가 일정치 이하일 때 동작하는 거리계전기로 방향성을 갖지 못하나 저항분의 크기와는 무관하여 사고점의 arc 저항으로 인한 거리측정 오차가 없는 계전기이다.

㉣ 오옴(OHM)형 거리계전기 : 모우(MHO)형 거리계전기와는 반대로 측정된 임피던스의 일정 각도에 대한 성분의 크기가 일정치 이하로 된 경우 동작하는 계전기를 말한다.

㉤ 오프셋모우(off set MHO)형 거리계전기 : 모우-(MHO)형 거리계전기의 동작특성은 원점을 지나는 원으로 표시되나 약간씩 전후방향으로 off set된 원특성을 갖는 거리계전기를 말하며 주로 후방으로 off set된 것을 많이 사용한다.

70 ②

코로나 방전에 의해서 오존과 산화질소가 발생하고 습기가 있으면 질산이 생성되므로 전선이나 부속 금구에 부식을 유발한다.

71 ②

$P = 5\,[\text{kW}]$, $V = 100\,[\text{V}]$, $I_a = 50\,[\text{A}]$, $V_f = 50\,[\text{V}]$, $I_f = 5\,[\text{A}]$, $R_a = 0.2\,[\Omega]$, $e_b = 2\,[\text{V}]$이므로

$$R_f = \frac{V_f}{I_f} = \frac{50}{5} = 10\,[\Omega]$$

$$I = I_a = \frac{P}{V} = \frac{5 \times 10^3}{100} = 50\,[\text{A}]$$

$$V_0 = E = V + I_a R_a + e_b = 100 + (50 \times 0.2) + 2$$
$$= 112\,[\text{V}]$$

72 ③

2차 여자 제어법 … 유도 전동기 회전자 외부에서 슬립을을 통해 슬립 주파수에 전압을 인가하여 회전자 슬립에 의한 속도를 제어하는 방식으로 2차 주파수 sf와 같은 주파수의 전압을 공급하여 슬립 s를 변화시키는 방식을 말한다. 계자를 제어하여 회전수를 변화시키는 방식인 크레머 방식과 인버터의 제어각을 변화시켜 회전수를 변화시키는 세르비어스 방식으로 구분한다.

73 ④

변압기의 병렬 운전 조건
㉠ 각 변압기의 극성이 같을 것
㉡ 각 변압기의 권수비가 같을 것
㉢ 각 변압기의 1차, 2차 정격전압이 같을 것
㉣ 각 변압기의 백분율 임피던스 강하가 같을 것
㉤ 3상 변압기의 경우 상회전 방향과 각 변위가 같을 것
※ 변압기를 이상적으로 병렬 운전하기 위한 조건
  ㉠ 무부하에서 순환전류가 흐르지 않을 것
  ㉡ 부하전류가 용량에 비례해서 각 변압기에 흐를 것
  ㉢ 각 변압기의 부하전류가 같은 위상이 될 것

74 ②

회생 제동 … 유도 전동기를 전원에 연결한 상태에서 유도 발전기로 동작시켜 발생 전력을 전원으로 반환하면서 제동을 하는 방법이다. 기계적 제동과 같은 큰 발열이 없고 마모도 적으며 또한 전력 회수에도 유리하다. 특히 권선형에 많이 사용한다.

75 ④

부흐홀츠계전기는 변압기 본체와 콘서베이터를 연결하는 파이프 중간에 설치하는 수은 접점으로 변압기 내부에 고장이 발생하면 가스 또는 유의 이동량을 검출하여 경보 또는 차단하는 계전기이다.

76 ③

송전선로 철탑에 역섬락을 방지하는 가장 유효한 방법은 탑각 접지저항을 작게 하는 것이다.

77 ②

부하와 병렬로 전력용 콘덴서를 설치하여 역률을 개선하므로 전기요금의 절감, 설비 이용률의 증가, 전력손실의 저감, 전압강하를 감소시킬 수 있다. 그러나 선로절연비용과는 관계가 없다.

78 ③

① 부하율 $= \dfrac{\text{평균전력}}{\text{최대 수용전력}} \times 100\%$

② 수용률 $= \dfrac{\text{최대 수용전력}}{\text{설비용량}} \times 100\%$

③ 부등률 $= \dfrac{\text{개개의 최대 수용전력의 합}}{\text{합성 최대 수용전력}}$

79 ③

페란티 현상 ⋯ 수전단전압이 송전단전압보다 높아지는 현상으로 경부하와 무부하시에 충전전류의 영향이 커져 선로에 90° 가까운 앞선 전류가 흐르면서 발생한다. 단위 길이당 정전용량이 클수록, 송전길이가 길수록 심해진다.

80 ②

애자의 열화 원인
- ㉠ 급격한 온도변화에 의해 열팽창계수가 다른 자기, 시멘트 및 철 등의 각부에 응력이 가해지고 균열이 발생
- ㉡ 시멘트의 경화와 팽창에 의한 응력
- ㉢ 상시전압과 이상전압에 의한 전기적 응력
- ㉣ 염해, 진해에 의한 누설전류, 코로나 방전, 섬락 등에 의한 국부과열
- ㉤ 기계적 응력
- ㉥ 제조상의 결함